设施土壤改良与污染控制

◎ 陈 硕 卢树昌 张 强 陈 清 等编著

中国农业科学技术出版社

图书在版编目（CIP）数据

设施土壤改良与污染控制 / 陈硕等编著 . — 北京：
中国农业科学技术出版社，2021.2（2024.12 重印）
ISBN 978-7-5116-5205-8

Ⅰ . ①设… Ⅱ . ①陈… Ⅲ . ①设施农业—土壤改良
②设施农业—土壤污染—污染控制 Ⅳ . ① S156 ② X53

中国版本图书馆 CIP 数据核字（2021）第 033851 号

责任编辑　周　朋
责任校对　马广洋
责任印制　姜义伟　王思文

出 版 者　中国农业科学技术出版社
　　　　　北京市中关村南大街 12 号　邮编：100081
电　　话　（010）82106643（编辑室）（010）82109702（发行部）
　　　　　（010）82109709（读者服务部）
传　　真　（010）82106631
网　　址　http://www.castp.cn
经 销 者　各地新华书店
印 刷 者　北京捷迅佳彩印刷有限公司
开　　本　880mm×1 230mm　1/32
印　　张　5.875
字　　数　175 千字
版　　次　2021 年 2 月第 1 版　2024 年 12 月第 4 次印刷
定　　价　38.00 元

编著委员会

主编著：陈　硕　　卢树昌　　张　强　　陈　清

编著者（以姓氏笔画为序）：

丁佳惠（中国农业大学）

王　威（天津农学院）

王大凤（天津农学院）

尹俊慧（中国农业大学）

卢树昌（天津农学院）

汤　凯（天津农学院）

李乃荟（中国农业大学）

李夏雯（天津农学院）

张　冉（中国农业大学）

张　强（金正大生态工程集团股份有限公司）

张怀志（中国农业科学院）

张德龙（上海农乐生物制品股份有限公司）

陈　硕（中国农业大学）

陈　清（中国农业大学）

范贝贝（中国农业大学）

郑丁瑀（中国农业大学）

赵娜娜（中国农业大学）

贾　伟（农业农村部耕地质量中心）

高宝林（中国农业大学）

靳嘉雯（中国农业大学）

雷吉琳（中国农业大学）

樊秉乾（中国农业大学）

前　言

　　蔬菜产业一直是百姓生活普遍关注的重点，也是农民增收的亮点。其中，设施蔬菜产业作为"菜篮子"工程的有效补充，具有举足轻重的地位，尤其设施农业是都市现代农业的重要组成部分，规模化设施农业生产已成为京津冀地区农业增效、农民增收和农村稳定的支柱产业，但设施菜田长期连作不仅导致土壤微生物区系失衡、根系发育受阻和养分吸收障碍，而且可能会带来根结线虫等土传病害问题。受上述因素的影响，根系发育不良的蔬菜生长需要根层提供浓度更高的养分，因此常规生产中大水漫灌、频繁过量施肥的现象普遍。

　　设施农业生产中长期过量水肥投入所带来环境风险问题日益突出。近些年设施蔬菜生产中突出问题表现在土壤次生盐渍化与酸化加重、氮磷养分过量积累、土壤碳氮养分失衡、土传病害频发、微生物多样性下降、重金属污染、作物连作障碍矛盾等土壤健康质量与环境质量下降方面，这些问题严重制约着设施菜田的可持续生产。我们研究团队在设施菜田水肥投入、土壤养分供应特征、有机肥矿化、重金属污染控制、功能土壤调理剂研制、专用有机肥使用及设施菜田优质高效生产配套套餐技术等各方面进行了试验研究。通过多年探索，团队在设施菜田土壤改良与污染控制方面取得了多项成果，并得到"十三五"国家重点研发计划专项课题"高氮磷残留土壤修复与污染控制技术集成示范（2016YFD0801006）"、现代农业产业技术体系果类蔬菜北京市创新团队土肥水岗位科学家项目（2009—2019）、国家重点研发计划专项子课题"天津地区设施菜田高氮磷残留土壤修复与污染控制技术集成示范"、天津市自然科学基金项目"不同调理剂对高磷土壤磷素转化与吸收的影响研究（17JCTPJC51200）"、天津市重点研发计划科技支撑重点项目"设施农田氮磷累积环境风险综合控制与土壤质量提升技术集成与应用（19YFZCSN00290）"等项目的资助。

我们组织团队力量将近几年的研究成果与经验进行总结，以土壤改良理论和养分调控理论为核心，系统撰写了《设施土壤改良与污染控制》一书，旨在为我国设施蔬菜产业的可持续健康发展提供某些参考。该著作由8章构成：第一章，设施土壤退化的成因分析及对策；第二章，设施土壤酸化与盐渍化改良；第三章，设施土壤连作障碍改良；第四章，设施高磷污染土壤改良；第五章，设施土壤重金属污染钝化与改良；第六章，设施菜田污染修复专用有机肥料；第七章，设施菜田污染修复专用土壤调理剂；第八章，设施菜田污染修复改土施肥套餐技术。第一章由陈硕、陈清、卢树昌编写，第二章由尹俊慧、丁佳惠编写，第三章由卢树昌、王大凤、李夏雯、王威、汤凯、赵娜娜、李乃荟编写，第四章由靳嘉雯、樊秉乾、卢树昌编写，第五章由张冉、高宝林编写，第六章由郑丁瑶、贾伟编写，第七章由高宝林、尹俊慧、范贝贝、雷吉琳、张强编写，第八章由张德龙、陈清、卢树昌、陈硕、张怀志编写。全书由天津农学院卢树昌教授和中国农业大学陈硕博士共同统稿与润色。

在书稿编写过程中，北京、天津、河北等相关部门岗位科学家给予了热情帮助，提出了许多宝贵建议，在此深表感谢！

限于编者水平有限，难免有诸多不足之处，诚望同行和广大读者批评指正。

编　者

2020 年 11 月于北京

目　录

第一章 设施土壤退化的成因分析及对策

土壤退化（soil degradation）指在各种自然和人为因素影响下，所产生的致使土壤的农业生产能力或土地利用及环境调控潜力，即土壤质量和可持续性下降，甚至完全丧失其物理、化学和生物学特征的过程，包括过去、现在和将来退化过程。主要表现为土壤紧实与硬化、侵蚀、盐碱化、酸化、元素失衡、化学污染、有机质流失和动植物区系的退化等（赵其国，1991），严重影响农业的健康与可持续发展。

由于人们不合理农业耕作施肥灌溉、过度开垦放牧，以及农业生产过程中过于追求经济利益而忽略环境的保护，我国部分地区土壤退化等现象加剧。种植户为了追求经济效益，种植作物品种单一且连续种植，复种指数高，同时施肥不平衡、过量盲目施用肥料，导致肥料利用率低、生产成本增加和环境污染等问题，这些因素加剧了土壤酸化的程度。以上种种问题造成农民收入减少，环境潜在风险加大，不利于农业的可持续发展。我国土壤退化总面积已达到 4.65 亿 hm^2，占全国土地总面积的 40% 以上。土壤退化引起的土壤质量恶化不仅表现在土壤物理和化学性状上，也表现在土壤生态系统的退化上，这种退化对我国设施蔬菜种植体系土壤的可持续利用构成了很大的威胁。因此，分析设施土壤退化成因对提升设施土壤质量具有重要意义。

第一节　设施土壤退化表现与成因分析

一、土壤养分累积及盐渍化和酸化问题

随着设施栽培的发展，我国农产品市场上反季节蔬菜比例越来越高，特别是黄瓜、番茄、辣椒、茄子、西瓜等瓜果类蔬菜反季节栽培面积逐年增加，同时对冬春设施栽培的需求增加，其占总设施栽培面积的比例越来越高。相比其他作物，设施蔬菜根系发育具有根系浅、吸收水肥能力弱、抗逆性差、适宜温度范围窄等特点，在反季节设施栽培过程中，低温和连作影响了蔬菜根系发育及其对土壤养分的有效吸收。其中低温对设施蔬菜的生长影响非常大，一方面表现在低温胁迫下种子活力指数降低、发芽率低、发芽势和发芽指数下降（周艳红等，2003），影响植物的营养生长和生殖生长（姜晶等，2010）；另一方面，低温弱光条件下，由于植物根系对外界环境变化较为敏感，在遭受胁迫后根系活力及根系代谢过程也会发生变化，根系活力与植物吸收土壤水分和养分的能力有关，根系活力越弱，植物吸收水分和养分的能力则越差（李煜姗等，2019）。在土壤退化条件下，低温则会加剧对植物生长的抑制作用。此外，为了提高作物对养分的吸收，通常会增加养分的投入，进而加剧了表层土壤养分累积。因此，设施菜田的高强度利用、化学肥料的大量投入、高强度和高频度的灌溉等成为设施栽培体系的普遍现象和措施，进而导致土壤氮（N）、磷（P）、钾（K）元素累积等养分失衡、土壤酸化、盐渍化、根结线虫和重金属等有害物质积累、微生物种群和功能多样性减弱等问题。

受传统农业精耕细作的影响，我国设施蔬菜生产形成了一套具有中国特色的栽培管理体系，并获得了较高的产量。然而这种高产出，通常是以高投入为前提的。实际生产中，人们往往忽略生产体

系养分输入与输出的平衡，使得肥料投入量远远超过了设施作物需求量。不同于粮食作物，蔬菜作物生长快、生育周期短，需要吸收较高的氮磷等养分，而且蔬菜根长密度低、根系分布较浅，往往需要根层土壤具有更高的养分浓度以保证作物产量（王丽英等，2012），特别是在蔬菜作物生长期间，维持较高的根层土壤溶液中的养分浓度对于满足作物养分需求至关重要。从全国典型的设施蔬菜种植区域来看，平均每季氮肥投入超过 1 000kg N/hm^2（有机肥275kg N/hm^2，化肥860kg N/hm^2），是蔬菜作物吸收量的5倍左右，当季利用率普遍低于10%（Zhu et al.，2005）。与此同时，大多数农田土壤的磷素也已从亏缺状态转向盈余。对于设施菜田而言，表现为大量盈余。这是由于设施菜田的磷素投入具有和作物吸收量不匹配的特点，在设施菜田等高投入生产体系中，每年土壤磷素盈余量高达527~747kg P/hm^2（Yan et al.，2013；Bai et al.，2020），是作物带走量的13倍，我国设施菜田土壤有效磷（Olsen-P）含量平均高达179mg P/kg，是大田作物的5倍以上（Yan et al.，2013）。因此，具有高养分的设施菜田土壤主要表现为土壤氮磷营养元素大量累积甚至通过地表径流和剖面淋洗，对周边水体环境造成富营养化影响。对于钾素而言，通过对已发表的52个研究中的数据进行汇总发现，2003年后平均每季设施菜田和露地菜田钾肥投入量分别达到 1 223kg K/hm^2 和215kg K/hm^2，较2003年之前（529kg K/hm^2 和193kg K/hm^2）分别提高了131%和11%，2003年前后设施菜田钾素投入分别是作物带走的1.9倍和2.7倍，而露地菜田钾素均处于亏缺状态。对于设施菜田果类菜，其钾素投入量以及盈余量远远高于其他蔬菜类型，其2003年前后钾肥投入量分别为621kg K/hm^2 和 1 480kg K/hm^2，分别是作物带走量的2.5倍和3.0倍。因此，集约化菜田中氮磷钾大量投入导致了土壤养分失衡，也是造成土壤退化的重要原因之一。

高量氮磷钾投入会影响作物对其他营养元素的吸收。设施蔬菜

3

栽培体系中，多选择茄果类蔬菜，这种植模式则决定了在选择肥料的过程中，多以氮磷钾肥料为主，长此以往，直接造成了土壤中养分比例，例如氮、磷、钾物质含量比例和其他中微量元素或者微量元素比例的失调，也就意味着土壤的养分已经处于极不平衡的状态。这对于蔬菜的影响主要包括：蔬菜生产水平降低，蔬菜品质变差，蔬菜易出现生理性病虫害等问题，肥料浪费严重。土壤养分失衡导致的土壤退化造成蔬菜在种植过程中更容易出现土传病害，例如枯萎病。与此同时，土壤退化伴随着土壤结构的变化，导致蔬菜植株的抗逆性也在一定程度上有所下降，进而直接影响到了设施蔬菜栽培的稳定生产和大规模生产。高量氮素投入有助于土壤氮素有效性提高，同时，也会导致土壤钾素形态转化，进而更多地被作物吸收，有研究表明，作物对钾素的反应以及需求量也取决于土壤中氮素的水平（Alfaro et al., 2003；Fortune et al., 2005）。此外，高氮投入下，可能由于土壤吸附能力减弱而导致阳离子交换量（cation exchange capacity, CEC）的降低，而阳离子交换量与土壤固钾率呈现显著的相关关系（张会民等，2009）。高氮的投入，加之高量的灌溉，氮肥在生物转化过程中产生的 H^+ 和盐基离子 [钙（Ca^{2+}）、镁（Mg^{2+}）、硝酸根（NO_3^-）] 被大量淋洗，而土壤钾素的移动和淋洗与氮素有密切关系，交换性阳离子的移动取决于土壤溶液中自由阴离子的浓度，当阴离子如 NO_3^-、氯离子（Cl^-）发生淋洗时，就会伴随等量的阳离子的移动和淋洗（Kayser et al., 2012）。因此，土壤中钾素的运移很大程度上受到土壤溶液中氮素的浓度以及氮投肥量的影响。与此同时，铵态氮肥的施用导致土壤中铵离子（NH_4^+）增加，而 NH_4^+ 的半径和 K^+ 的半径相似，NH_4^+ 同样易被 2∶1 型黏土矿物固定（梁成华等，2002），与 K^+ 竞争吸附位点，同时，NH_4^+ 还可能发生专性吸附（Lumbanraja et al., 1990），进而影响土壤钾素的释放与固定过程。此外，由于旱地和水田中 NH_4^+ 和硝酸盐转化的差异（黄昌勇等，2010），水分含量不同的土壤中，土壤钾素的固定程度也会随其中 NH_4^+ 的改变而改变。除此之外，K^+ 与 Ca^{2+}、Mg^{2+} 之间相互影响会导致作物发生一系列的养分失衡。Mg^{2+} 及 Ca^{2+} 对稳定蔬菜生长发育很关键，Mg^{2+} 对蔬菜的光合作用非常重要，而 Ca^{2+} 对维持细胞膜的稳定以及其他一些病害方面有重要作用。但是在植物养分的交互作用中，钾与钙、镁之间存在着颉颃作用，随着钾肥的施用，作物会出现奢侈吸收的现象，同时会出现钙镁的生理性缺乏。因此，养分投入的比例失衡会导致土壤中营养元素的比例失衡，进行影响作物的正常生长、品质与产量。

肥料的过多投入一方面导致了养分的失衡，也对环境造成了严重的危害，是造成土壤退化的重要原因，包括土壤酸化和次生盐渍化。土壤酸化通常与土壤盐渍化同时发生（文方芳，2016），是设施栽培常见的土壤问题之一。土壤酸化是指由于土壤酸性成分的增加同时伴随着盐基离子的淋失进而导致土壤酸中和容量下降（Van Breemen，1984）。例如，过量施用氮肥条件下，硝酸盐淋洗的同时伴随着盐基离子的淋洗，进而导致质子发生土壤表聚。作物吸收的盐基离子与投入的离子的不平衡也是造成土壤酸化的另一个原因（图 1-1）。

此外，大水漫灌是设施菜田种植中的一个普遍现象，其加剧了盐基离子的淋洗，进一步导致土壤酸化。不同种类化肥中均含有不同的阳离子和阴离子，且其与土壤的相互作用强度存在差异。其中，在施用尿素、硫酸钾、硫酸铵、硝酸钾、硝酸铵和氯化铵等肥料的过程中，均会导致不同程度的土壤酸化。偏施化肥会加剧土壤的酸化程度，并且，含氯化肥对降低土壤 pH 的程度更为显著。Guo 等（2010）的研究通过调查 1980—2008 年我国主要农田土壤 pH 发现，氮肥施用显著降低了土壤 pH，导致了土壤酸化，平均下降了 0.5 个单位，并且经济作物种植体系中，土壤 pH 降低程度更大。基于山东寿光的一个长期种植番茄的设施菜田试验，13 年连续施用氮肥比对照不施用氮肥处理相比，显著降低了土壤 pH，下降了 0.69

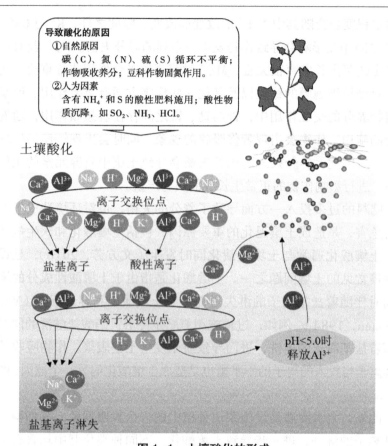

图 1-1　土壤酸化的形成

（资料来源：Rahman et al., 2018；有修改）

个单位（Chen et al., 2019）。随着设施菜田种植年限的增加，土壤pH逐渐降低，通过对上海郊区不同种植年限的塑料大棚的调查发现，种植4~6年的设施土壤，其pH下降了0.6个单位（钱晓雍，2017）。来自青海省的49个日光温室的调研结果显示，土壤pH由种植年限为1年的8.17下降为种植年限20年以上的7.34（张晓梅等，2020）。特别是对于集约化程度较高的设施菜田而言，种植年限超过8~10年，土壤pH可能降低1个单位以上。因此，设施菜田土壤酸化已经成为普遍的现象。

土壤酸化最直接的影响是导致作物根系受到 H^+ 毒害，特别是当土壤 pH 降至 5.0 以下时，土壤交换性铝（Al）含量迅速增加，造成铝毒，严重影响作物产量和品质。其次，土壤酸化还会显著影响土壤微生物多样性及其功能，进而影响其对土壤营养元素的循环和周转能力。除此之外，土壤酸度的增加会活化土壤中的部分重金属，加剧土壤中重金属元素的释放，对作物的生长产生不良的影响。例如，有害重金属锰（Mn）元素会在土壤酸化的条件下迅速活化，导致有毒物质的释放，对土壤生物以及作物根系的正常生长造成严重影响。

土壤盐渍化往往伴随着土壤酸化，是盐分累积在土壤表层的现象。对于集约化设施菜田种植体系而言，长期的大水漫灌和高养分的投入，加之设施环境较高的蒸发量导致了土壤中盐分向表层土壤积聚，发生土壤次生盐渍化，这主要是由于人为因素引起的。设施蔬菜栽培过程中，土壤一般都处于长期覆盖或者是季节性覆盖，改变土壤中水分的运动方式，使其变为自下而上，与此同时，伴随着盐分随着水分不断向土壤表层聚集。对于这一现象如果没有采取相关有效措施控制，加之使用不合适的肥料进行施用，均会加剧土壤次生盐渍化的状况。过量的肥料施用直接导致土壤次生盐渍化，同时引起土壤酸化，酸化过程中会造成土壤中难溶性钙、镁盐等物质发生溶解，进一步加剧土壤次生盐渍化和土壤退化。除此之外，粪肥等含盐量高的有机肥的大量施用也是导致土壤次生盐渍化的重要原因之一。传统观念认为有机肥施用对土壤改良和培肥等方面有重要作用，然而其副作用往往被忽视，因此，对于有机肥施用导致的一系列问题更应引起高度的重视。对内蒙古赤峰市 7 个设施蔬菜基地进行调查发现，种植 10 年以上的设施表层土壤可溶性盐含量最高达到 11.4g/kg（李杰等，2018）。对甘肃省不同种植年限的 28 个日光温室的土壤进行调查，种植 3 年以上的设施菜田土壤的电导率均高于露地土壤，且高于蔬菜正常生长土壤电导率的临界值 0.60mS/cm（侯格平等，2018）。对山东寿光的不同棚龄的设施菜田的调查发现，1~3 年的日光温室根层土壤电导率平均为 0.56mS/cm，而 4~8 年的日光温室发生盐害的风险最大，平均达到 0.81mS/cm，且以硝酸盐累积为主（李宇虹，2013）。在上海崇明岛的 4 个地区的调研发现，设施土壤表层电导率高达 6.47mS/cm，硝酸盐累积平均值达到 1 370mg/kg（杨锋等，2019），形成了严重土壤盐分表聚现象。土壤次生盐渍化对蔬菜生产的影响包括多个方面，例如，降低蔬菜根系吸收水分和养分的能力，减弱土壤营养元素的周转与循环，并使肥料利用率大大降低。与此同时，伴随盐渍化还会发生土壤溶液中元素之间的竞争和颉颃作用，例如，Na^+ 和 K^+ 浓度升高的同时，Ca^{2+} 和 Mg^{2+} 的浓度则随之降低，进而影响作物根系对养分的正常吸收，降低蔬菜的产量与品质。在设施栽培这一特殊的环境中，水肥的过量投入是导致土壤酸化和次生盐渍化的主要原因，因此，从源头上控制水肥的投入、优化施用的肥料种类、提高土壤质量、降低由于养分盈余造成的环境风险，是实现该种植系统可持续发展的重要举措。

二、设施土壤污染物问题

随着工业化、城镇化以及农业集约化程度的快速发展，垃圾、污水排放数量逐年增加，农业生产中的农药、化肥等的不合理使用，导致土壤污染物的问题越来越严重。据估算，全世界每年排放到环境中的镉（Cd）约 1.0×10^6 t，汞（Hg）约 1 500t，铅（Pb）约 5×10^6 t，铜（Cu）约 3.4×10^6 t，镍（Ni）约 1.0×10^6 t（Singh et al., 2003）。作为人口和农业发展大国，我国土壤重金属污染问题也普遍存在且部分区域相对突出。2014 年全国《土壤污染调查公报》结果显示，土壤总超标率达到 16.1%，且以无机型污染为主，土壤重金属污染现状不容乐观。

我国农田土壤受到重金属污染，已成为土壤安全最关注的问题之一。据调查公报显示，我国约 19.4% 的耕地土壤受到重金属污染（假设面积与调查样本的数目成比例，则约等于 2 600 万 hm^2）（Zhang et al.，2015）。我国农田土壤重金属污染呈现一定的空间分布，其中，广东、贵州、广西、湖南和天津的重金属综合污染率较高，分别达到 30.80%、38.75%、36.25%、55.93% 和 70%。山东、黑龙江、甘肃、吉林、北京、辽宁、山西、海南、青海、河北和内蒙古等省区市的污染比例相对较低（ < 10%），其余省份在 10%~20%。土壤重金属来源广泛，可分为自然来源和人为干扰。自然来源主要受成土母质和成土过程的影响。人为干扰因素主要包括工业、农业和交通等，如大气沉降、污水灌溉、工业废渣、城市垃圾、畜禽粪便及化肥等。据我国农业农村部进行的全国污灌区调查结果显示，在约 140 万 hm^2 的污灌区中，约 65% 土地面积遭受重金属污染，其中轻度污染占 46.7%，中度污染占 9.7%，严重污染占 8.4%（崔德杰等，2004）。长期进行污灌已导致农田土壤 Cd、铬（Cr）、Cu、Hg、Ni、Pb 和锌（Zn）重金属有不同程度的累积，其中 Cd 和 Hg 污染表现突出（陈涛等，2012），随污灌年限增长，离灌渠越近，农田土壤重金属的污染水平和环境风险越高。为保证农产品的产量，大量的化肥及畜禽粪便被投入农田中，养分增加的同时也增加了土壤重金属污染的风险。

对于设施蔬菜种植体系而言，其种植的封闭性、反季节栽培、高复种指数的特点则决定了作物周年养分需求数量大，进而施用过多的肥料、农药、杀虫剂和生长调节剂等农用化学品。据统计，设施菜田有机肥和化肥投入总量约为露地菜田及粮田的 2 倍和 7 倍，受重金属污染的肥料投入也向土壤中带入了大量的重金属。大量研究表明，国内设施菜田土壤中 Cd、Cu、Zn、Pb、Cr 等重金属出现明显的累积，其中 Cd 累积超标现象最为显著。

与农田土壤重金属污染来源有所不同，设施土壤大气沉降带入量很少可忽略不计，故不考虑大气沉降，主要来源包括有机肥、化肥、农药、污水污泥、工业或城市垃圾等，如图1-2所示。另外，农用薄膜的使用在农业生产过程中起着重要的作用，但其投入是土壤重金属的来源之一，Hg和Pb主要是由农药如杀虫剂和除草剂残留所致。有些农药中不同程度地含有一些重金属元素，如Cu、Zn、砷（As）、Hg。杀真菌农药通常含有Cu、Zn，长期大量地施用于设施土壤，可引起设施土壤中Cu与Zn的积累，甚至污染（崔德杰等，2004）。另外，在生产农用薄膜过程中所用的热稳定剂中通常含有Cd、Pb元素，在使用以后若不清除干净，同样可能会导致Cd、Pb元素在土壤中积累。此外，肥料重金属的输入主要包括畜禽粪有机肥、商品有机肥、化肥。蔬菜生产中有机肥是重金属输入的主要来源，输入量占总重金属输入量的98%。农场外的畜禽粪便可能具有更高的重金属污染风险，尤其是规模化养殖场产生的畜禽粪便中Cu、Zn、As等元素的残留量非常高。受污染的畜禽粪等有机肥长期施用，易造成土壤重金属Cd、Cu、Zn积累。王飞等（2015）研究华北地区的畜禽粪便发现猪粪与鸡粪中的重金属超标严重，超标的重金属以Cu、Zn元素为主。贾武霞等（2016）对172个畜禽粪便样品重金属含量进行研究，结果表明猪粪中Cd、As、Cu、Zn的含量远高于其他种类的畜禽粪便，而鸡粪中则含有较多的Cr元素。化

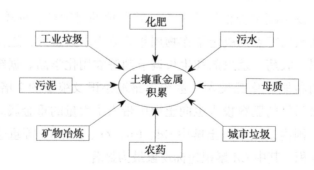

图1-2 设施土壤重金属来源

肥中的重金属含量通常比有机肥少。氮肥与钾肥中重金属含量较少，磷肥中含量较高。在加工磷肥的过程中，磷矿中的 Cd 通常不会被除去，所以 Cd 可能存在于磷肥产品中（马榕，2002）。此外，磷肥施用过量会导致 P 浓度的提高进而减少土壤对 As 的吸附固持能力，并增加 As 从土壤中的解吸量。因此，大量施用有机肥和化肥给土壤、蔬菜及人体健康带来了高污染风险。

三、设施土壤生物多样性衰减

土壤生物是生态系统的重要组成部分，作为土壤分解系统的主要驱动因子，能有效地评价土壤的活力和健康状况。设施栽培土壤由于长期处于高集约化栽培、高复种指数、高肥料施用量的生产状态，其理化性状和生物学特性均很大程度上受到了影响。随着种植年限的增加，且棚内温度和湿度均较高，土壤黏化作用明显，细颗粒组分会逐渐增加。另外，设施大棚内大量使用化肥，雨水淋溶土壤的作用减弱，使土壤的物理结构遭到一定破坏，存在不同程度的土壤板结，主要表现在土壤容重增大、通气和透水性逐渐变差、土壤缓冲能力变弱，从而使作物抗性降低、病虫害频发，影响作物正常的生长发育。此外，连作年限延长，土壤中沙粒逐渐减少，黏粒及粉粒逐渐增加，质地越来越黏重，降低了土壤保肥保水的能力，这一方面影响作物对养分的均衡吸收以及土壤对养分的转运，另一方面影响土壤动物和微生物种群数量以及功能多样性等。

设施栽培通常使用相同的种植方式和管理方法，这种连作模式会对作物根际区域的微生物生长造成很大的影响，包括破坏原有的微生物系统、降低微生物的种群和多样性、抑制有益微生物的生长、造成有害微生物大量繁殖，导致微生物和元素的自然平衡被破坏，使土壤一些化合物分解转化过程受阻以及土壤病菌和病害蔓延（图 1-3）。随着大棚蔬菜的连作年限增加，真菌的种类和数量逐渐减少，但是有害真菌的比例尤其是病原菌数量增多；细菌的种类、数量随之减少，这样就不利于土壤中微生物的种群平衡，易发生根部病害，最终降低作物产量（吴凤芝等，2000）。连作栽培条件下土壤微生物的多样性水平降低，细菌、放线菌的数量变少，这导致土壤开始从细菌型转化为真菌型，富集病原微生物，加重土传病害，最终引起连作障碍（Nishio，1973）。王学霞等（2018）通过分析不同种植年限的设施菜田土壤发现，连续种植导致土壤理化性状的变化改变了细菌和真菌数量，进而导致土壤线虫总数、植物寄生性线虫比率逐渐增加，尤其根结线虫属比率增加显著，食细菌、真菌和杂食／捕食线虫比率逐渐降低，以种植12年后的土壤受干扰程度最大，土壤微生态失衡最严重。另有研究表明长期连作土壤中细菌与真菌数

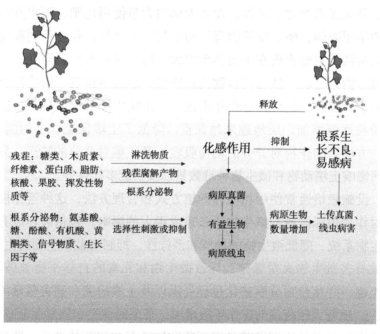

图 1-3 设施土壤连作障碍原因

量的比值下降29.7%~53.3%，造成了连作障碍的病原菌尖孢镰刀菌数量显著地上升（徐彬等，2019）。随着种植茬数的增加，土壤细菌和放线菌的数量会呈现先升高后降低趋势，而真菌数量会不断增加，作物的感病程度也同时伴随连作茬数的增加而增大（马灿等，2014）。

除了长期连作模式带来的危害以外，大量肥料施用伴随着常年的连作栽培，养分投入的不平衡也是造成土壤生物多样性衰减和蔬菜生长异常的重要原因。设施栽培过程中，蔬菜对钾和钙等的需求量较大，而过量的氮磷钾等大量元素的施用，则会导致土壤相对缺乏中微量元素，造成土壤养分种类不平衡，某些元素累积而另外一些元素亏缺，导致作物生理缺素和抗逆性降低，病虫害时有发生。如大棚番茄缺钙易出现脐腐病，白菜缺钙出现心腐病，番茄多氮缺钾引起筋腐病，黄瓜高湿缺钾引起真菌性霜霉病，番茄多磷缺硼出现裂果病等缺素症状等（郭军等，2009）。在长期、大量施用化学肥料的情况下，土壤环境中营养元素的量以及形态的显著性改变会极大地扰乱土壤微生物生长的环境，由于不同微生物种群对养分组成适应性的差异，将会导致某些种群的爆发性生长，而某些种群则因不能适应而死亡。此外，农药的大量使用通过直接杀死土壤生物而降低生物多样性。农用化学品的严重累积会改变土壤微生物群落核酸的序列组成，进而降低土壤微生物群落的多样性。

土壤酶是表征土壤中物质、能量代谢旺盛程度和土壤质量水平的一个重要生物指标。在土壤有机物转化及养分循环中发挥着重要作用，是具有一定催化作用的蛋白质，使土壤中的生物化学过程可以持续地进行。随着设施栽培连作年限的增加，土壤酶的活性逐渐减弱。黄玉茜等（2012）研究了花生田在连作状况下土壤酶活性的变化，结果显示土壤中过氧化氢酶的活性逐年下降，分析得出连作栽培抑制了过氧化氢酶的活性，使过氧化氢分解速度降低，大量聚集在土壤中，出现连作障碍，在连作时间长于5年后，土壤中各种酶的活性基本降到最低值，加重连作障碍现象。长期连作的设施菜田土壤中发现脲酶活性降低，过氧化氢酶活性显著增高（徐彬等，2019）。据调查，设施蔬菜土壤连作 3 年即可能出现连作障碍，其中土传病害最严重（王广印等，2016）。连作还可使土壤中微生物环境发生变化，降低过氧化氢酶、脲酶和转化酶的活性等（吴凤芝等，2006）。董艳等（2009）的研究发现，种植 6~8 年后的土壤微生物区系失调，土壤过氧化氢酶、脲酶和蔗糖酶活性显著下降，从而影响土壤生物化学过程，土壤质量的稳定性和可持续利用性大大降低。土壤微生物的生物量降低、生物种群和功能多样性衰减、土壤的生物化学过程强度减弱等过程与有机碳转化和养分供应的速率息息相关，土壤支撑作物生长的能力减退，反过来增加作物生产体系对化肥施用的依赖性。这种由于大量施用化肥和高强度利用所导致的土壤生物和生物化学性状衰减，是集约农业利用下土壤退化的最重要表现。

第二节　设施土壤退化的防治对策

一、盐渍化土壤改良

针对设施菜田土壤次生盐渍化的改良措施，包括水利措施、农业措施和物理措施。例如，在夏季休闲期将温室或大棚覆盖膜揭除，利用降雨对大棚内土壤表层盐分进行淋洗，进而达到降低土壤中盐分含量的目的；此外，还可采用土壤漫灌的方式排除土壤中的盐分，然后将积水排出，会有效降低土壤中的盐分含量。但是，这种方法在稀释土壤盐分浓度的同时，也会造成集约化高投入的设施菜田土壤中氮磷等营养元素的流失，给周边河流甚至地下水带来环境风险。发生严重盐害的土壤通常具有通气性差和土壤板结等问题，通过深翻土壤打破板结土层的结构可以在一定程度上降低盐渍化程度。另外，作物秸秆直接还田，其分解过程中会产生有机酸等物质，进而促进一些难溶性化合物的溶解，同时补充有机质，达到改善土壤质量的目的。Jia 等（2018）对2014年我国有机废弃物进行估算后得出畜禽粪便和作物秸秆的总重分别高达5.51亿t和8.19亿t，其中，32.9%的粪肥和26.0%的作物秸秆可能被用于堆肥，而大部分的有机废弃物并未得到合理的利用。有研究发现通过施用有机肥和秸秆，可有效改良设施土壤盐渍化，李尚科等（2012）研究发现有机肥施用结合秸秆还田在显著增加油菜产量的同时，对土壤的次生盐渍化还起到有效的改良作用，能够一定程度上延长设施土壤使用年限。通过添加有机物料，可以达到改良土壤、优化土壤微生物区系的目的，进而克服次生盐渍化。作物秸秆具有较高的碳氮比，施入土壤后可以被微生物分解，在此过程中可以同化土壤中的氮素，有效地降低土壤可溶盐的浓度，降低盐分随水分蒸发积聚于地表，达到改良土壤的目的。生物改良在提升土壤质量方面非常重要，其中，微生物肥料的施用可以替代部分化肥，提高化肥利用率，减缓土壤酸化、板结等问题。王雨沁等（2020）的研究利用 NCT-2 土壤修复菌剂进行盐渍化修复，该菌剂含有的巨大芽孢杆菌，是以硝酸盐为唯一氮源来转化硝态氮的菌株，在土壤盐渍化的情况下，可以对土壤硝酸盐进行同化，降低土壤硝酸盐含量，进而缓解设施大棚土壤次生盐渍化危害。

二、科学施肥，平衡土壤养分

氮磷钾肥是设施蔬菜正常生长的必需大量元素，然而大量盲目的施肥势必造成养分失衡甚至土壤退化等问题。土壤盐渍化和酸化的主要成因是肥料的大量施用和养分的不平衡投入，因此，科学施肥和平衡土壤养分是缓解土壤退化的重要策略之一。硝态氮在土壤中虽移动速率快，可通过质流途径迅速满足氮素供应，但由于土壤颗粒带负电荷，不能像吸附带正电荷的 NH_4^+ 一样有效吸附 NO_3^-，因此，过量灌溉会导致 NO_3^- 的淋洗损失，使养分被淋洗到土壤根系分布区以下的土层，无法被作物吸收利用；同时，磷肥施入土壤后，大部分均被土壤矿物吸附固定，进而导致极低的磷素利用率，因此，可通过水肥一体化技术，少量多次为根区定点施肥，进而保持良好的土壤理化性状，促进作物对养分的吸收（陈清等，2015）。我国的水肥一体化技术的灌溉方式主要有滴灌、微喷和膜下滴管。水肥一体化技术可以达到节水、节肥、提高肥料利用率、减少农药用量、提高作物产量与品质、改善土壤环境等目的，维持作物生产与环境质量的平衡。降低水肥施用量的同时，适当提高灌溉频率，可促使养分在根区扩散，且维持根区较高的养分供应浓度，在保证作物养分需求的同时缓解和防治土壤退化。

平衡土壤养分需要结合设施蔬菜的生产水平和蔬菜最佳需肥量确定氮、磷、钾肥最佳施用量，施用配方合理的蔬菜专用肥，同时注意微量元素肥料的补充。对于多年种植的设施蔬菜土壤而言，可适当补充氮肥，同时控制好磷钾肥，在施用化学肥料的同时，结合施用有机肥，特别是设施菜田土壤专用有机肥料，选择完全腐熟的有机肥进行施肥，增加土壤中有机质含量，提高土壤质量。

三、土壤消毒技术

设施土壤长期连作往往会造成多种弊害，例如，滋生和加剧土传病害、不断累积某些有毒的根系分泌物等问题。通过设施土壤消毒，可以有效消灭土壤中的有害微生物，避免多种土传病害和根结线虫疾病的发生率。设施土壤消毒技术包括高温闷棚、施用石灰氮-秸秆、施用化学消毒剂、施用生物菌剂、火焰高温等消毒技术。高温闷棚通常在夏季休闲期进行，闷棚之前先进行秸秆粉碎后还田，然后进行大水漫灌，高温下闷棚20天以上，在强还原土壤环境条件下，可在短时间内杀灭土传病原菌，同时有效降低和抑制设施菜田病原菌的扩散（蔡祖聪等，2015）。然而该方法也存在一定的局限性，有研究表明闷棚期间的高温高湿的环境条件会导致闷棚前加入的秸秆迅速矿化，而这不利于土壤有机碳的累积（余亚琳等，2020）。另外，将石灰氮与粉碎的秸秆混合施用于土壤，也可以有效地对设施土壤进行消毒（周开胜，2015），主要是由于在大水漫灌条件下，石灰氮主要成分为氰氨化钙，其遇水发生水解反应，生成氢氧化钙和单氰胺，单氰胺进一步通过水解反应，生成尿素可直接被作物吸收利用。与此同时，单氰胺可聚合形成双氰胺，由于氰胺转化为尿素需较长时间，因此单氰胺和双氰胺在土壤中存在期间可以有效起到杀虫和灭菌的作用，如有效驱除设施菜田根结线虫，防治果类蔬菜的立枯病和青枯病等。此外，石灰氮还含有氧化钙及氰氨化钙，其水解产物氢氧化钙可以中和土壤的酸，缓解设施菜田土壤酸化。然而，该消毒方法也存在一些缺点，例如，闷棚期间土壤处于强还原的厌氧状态，还原环境下会导致与土壤铁氧化物结合的磷素伴随着土壤中铁的还原过程而大量释放到土壤溶液中，伴随着大水漫灌，这部分磷酸盐极容易通过径流和淋洗等方式造成环境污染（Gu et al.，2019）；与此同时，淹水环境会改变土壤重金属的有效性，进而影响蔬菜的安全性，有研究表明，淹水条件下，酸性土壤中游离态重金属沉淀，而导致碱性土壤中吸附态重金属释放（毛凌晨等，2018）。

四、生物有机肥和调理剂的施用

土壤调理剂是指加入土壤中用于改善土壤的物理、化学和生物性状的物料，用于改良土壤结构、降低土壤盐碱危害、调节土壤酸碱度、改善土壤水分状况或修复污染土壤等。白云石作为一种廉价的碳酸盐矿物材料，可研发成不同类型肥料提供土壤钙镁以及微量元素，也可用作土壤改良剂直接施用于土壤。在南方酸性土壤中加入白云石，可起到改善酸化的作用，提高土壤 pH，从而影响到土壤中元素的有效性和含量，以及作物的产量，同时它可避免因施用石灰不均匀或施用量较大对作物生长造成的伤害。Fan 等（2020）的研究结果表明酸性红壤中施用白云石后，土壤酸化程度得到缓解，同时土壤速效磷含量显著增加，这有益于酸性土壤中作物对磷素的吸收。

生物有机肥施用技术可以有效地改变土壤根际微生态环境，提高土壤肥力。通过土壤益生菌 AM 真菌和功能性生物有机肥（或生物菌肥）培育壮苗，添加作物秸秆（如烟草秸秆）和多功能生物肥，从植物中提取合成的生物源抗线剂（无线美、海绿素、阿维菌素等）进行灌根，同时套作颉颃类作物，如茼蒿、万寿菊等，这些技术和方法可以应用于作物生长的定植、苗期、生长中后期，可以有效减少土壤根结线虫数量和植物根系根结指数，同时显著提升产量。此外，生物药肥作为一种有效的杀虫、杀菌、安全环保的功能性肥料，既能满足作物生长发育过程中对各种营养成分的需求，以药为辅，又能够解决一定病虫害作用，同时利用农药的一些生物刺激作用，提高肥效，促进作物生长（蓝亿亿等，2007；王祺等，2017）。这在很大程度上可以用来缓解设施菜田连作尤其是老菜田根结线虫等严重问题，达到修复设施菜田土壤的目的。

五、合理开展轮作和间作

不同种类蔬菜之间或蔬菜与粮食作物之间进行合理的轮作或间作，是有效防治连作障碍最为简单、省工、高效的措施。通过合理开展轮作种植或间作种植等模式，不仅有助于平衡土壤中的养分含量，为蔬菜正常生长提供更加良好的土壤环境，也能使病原菌失去原来的寄主，从而有效减少土壤中的病原菌量，减轻病害的发生。此外，合理的轮作或间作能有效缓解蔬菜连作障碍中自毒作用，减少与上一茬蔬菜伴生的杂草，对设施蔬菜连作障碍的防治有着重要意义。轮作种植模式更能够改良土壤营养循环和防治土壤病虫害等问题（杜思瑶等，2017）。对于退化土壤而言，其为作物提供水分和养分的能力均显著下降，而作物多样性的增加能够改变土壤中大小团聚体的比例和数量，即能够改善土壤质量，进而影响作物根系的分布以及改良根际环境。此外，合理的轮作和间作模式会通过作物多样性驱动土壤真菌和细菌的生物量及其群落结构发生改变，这在增加作物的生产力和维持土壤肥力中起到重要作用。

在设施生产中，我国北方种植制度决定了在 6 月中下旬至 8 月下旬为休闲期，在此期间人们往往揭膜晒地或者闷棚，这就导致夏季休闲期非常高的氮素矿化速率，以及大量的无机氮累积，加之休闲期揭膜后雨水及下茬定植后大量灌水均会导致土壤表层累积的无机氮向深层淋洗（Spalding et al.，1993）。因此，在设施菜田休闲期种植根系较深的填闲作物，可以减少上茬作物剩余氮素的淋洗，同时在浅根系作物种植前，深根系填闲作物可以通过残茬还田将深层氮素提到表层，矿化后供下茬作物利用（Thorup-Kristensen，2001）。基于设施黄瓜种植体系的研究发现，选择甜玉米作为夏季填闲作物可减少 16% 的氮素损失，减少土壤剖面无机氮超过 300kg N/hm^2，同时对下茬主作物黄瓜的产量有一定的促进作用（郭瑞英，2007）。在我国南方菜田通过种植填闲甜玉米使淋洗液中总氮浓度从 94mg N/L 降低到 59mg N/L，同时表层土壤硝态氮从 306mg/kg 降到 195mg/kg。康凌云（2017）通过种植高粱作为填闲作物发现其对氮素的吸收量显著高于甜玉米，可替代甜玉米推广使用，与此同时，高粱根系可能通过分泌生物硝化抑制剂减缓氮肥的硝化过程进而起到减少氮素损失的作用。此外，填闲作物还可以通过残茬还田促进养分的循环。填闲作物收获后，将其残茬作为绿肥翻入土壤，对土壤养分循环、土壤结构、土壤微生物和线虫的分布等均会产生影响（Guo et al.，2008；Tian et al.，2011）。因此，填闲作物的种植对于降低氮素淋洗和提高体系内养分循环方面均有实际应用的价值。

主要参考文献

蔡祖聪，张金波，黄新琦，等，2015. 强还原土壤灭菌防控作物土传病的应用研究 [J]. 土壤学报（3）：469-476.

陈清，周爽，2015. 水肥技术成为节水农业落地点 [N]. 中国农资，2015-01-30（7）.

陈涛，常庆瑞，刘京，等，2012. 长期污灌农田土壤重金属污染及潜在环境风险评价 [J]. 农业环境科学学报（11）：2 152-2 159.

崔德杰，张玉龙，2004. 土壤重金属污染现状与修复技术研究进展 [J]. 土壤通报（3）：366-370.

董艳，董坤，郑毅，等，2009. 种植年限和种植模式对设施土壤微生物区系和酶活性的影响 [J]. 农业环境科学学报（3）：527-532.

杜思瑶，于淼，刘芳华，等，2017. 设施种植模式对土壤细菌多样性及群落结构的影响 [J]. 中国生态农业学报（11）：1 615-1 625.

郭军，顾闽峰，祖艳侠，等，2009. 设施栽培蔬菜连作障碍成因分析及其防治措施 [J]. 江西农业学报（11）：51-54.

郭瑞英，2007. 设施黄瓜根层氮素调控及夏季种植填闲作物阻控氮素损失研究 [D]. 北京：中国农业大学.

侯格平，甄东升，孙宁科，等，2018. 河西走廊蔬菜日光温室土壤次生盐渍化现状及改良对策 [J]. 山西农业大学学报：自然科学版，38（1）：48-54.

黄昌勇，徐建明，2010. 土壤学 [M]. 3 版. 北京：中国农业出版社.

黄玉茜，韩立思，韩梅，等，2012. 花生连作对土壤酶活性的影响 [J]. 中国油料作物学报（1）：96-100.

贾武霞，文炯，许望龙，等，2016. 我国部分城市畜禽粪便中重金属含量及形态分布 [J]. 农业环境科学学报（4）：764-773.

姜晶，张阳，唐广浩，2010. 苗期夜间亚低温对番茄生长发育的影响及耐低温材料的筛选 [J]. 江苏农业科学（1）：157-159.

康凌云，2017. 夏季填闲作物种植对设施菜田土壤氮素转化及淋洗的影响 [D]. 北京：中国农业大学.

蓝亿亿，茶正早，2007. 药肥的研究进展 [J]. 陕西农业科学（6）：105-108.

李杰，孟令强，曲宝茹，等，2018. 赤峰市设施土壤次生盐渍化现状分析 [J]. 中国蔬菜（12）：60-65.

李尚科，沈根祥，郭春霞，等，2012. 有机肥及秸秆对设施菜田次生盐渍化土壤修复效果研究 [J]. 广东农业科学（2）：60-62，73.

李宇虹，2013. 设施菜田土壤盐分累积动态的分析与评价 [D]. 北京：中国农业大学.

李煜姗，李平，杨再强，等，2019. 低温寡照影响番茄幼苗根系有机酸代谢和养分吸收 [J]. 中国农业气象（8）：512-522.

梁成华，魏丽萍，罗磊，2002. 土壤固钾与释钾机制研究进展 [J]. 地理科学进展（5）：679-684.

马灿，王明友，2014. 设施番茄连作对土壤理化性状、微生物数量及病虫害的影响 [J]. 吉林农业科学（4）：22-25.

马榕，2002. 世界化肥的消费、生产与贸易 [J]. 磷肥与复肥（1）：7-9.

毛凌晨，叶华，2018. 氧化还原电位对土壤中重金属环境行为的影响研究进展 [J]. 环境科学研究（10）：1 669-1 676.

钱晓雍，2017. 塑料大棚设施菜地土壤次生盐渍化特征 [J]. 中国土壤与肥料（5）：73-79.

王飞，邱凌，沈玉君，等，2015. 华北地区饲料和畜禽粪便中重金属质量分数调查分析 [J]. 农业工程学报（5）：261-267.

王广印，郭卫丽，陈碧华，等，2016. 河南省设施蔬菜连作障碍现状调查与分析 [J]. 中国农学通报（25）：27-33.

王丽英，张彦才，李若楠，等，2012. 水氮供应对温室黄瓜干物质积累、养分吸收及分配规律的影响 [J]. 华北农学报（5）：230-238.

王祺，李艳，张红艳，等，2017. 生物药肥功能及加工工艺评述 [J]. 磷肥与复肥，32（8）：13-17.

王学霞，陈延华，王甲辰，等，2018. 设施菜地种植年限对土壤理化性质和生物学特征的影响 [J]. 植物营养与肥料学报（6）：1 619-1 629.

王雨沁，闫龙翔，张超，等，2020. NCT-2 修复菌剂对设施大棚次生盐渍化土壤的改良效果研究 [J]. 上海农业科技（1）：98-101，106.

文方芳，2016. 种植年限对设施大棚土壤次生盐渍化与酸化的影响 [J]. 中国土壤与肥料（4）：49-53.

吴凤芝，孟立君，王学征，2006. 设施蔬菜轮作和连作土壤酶活性的研究 [J]. 植物营养与肥料学报（4）：554-558，564.

吴凤芝，赵凤艳，刘元英，2000. 设施蔬菜连作障碍原因综合分析与防治措施 [J]. 东北农业大学学报（3）：241-247.

徐彬，徐健，祁建杭，等，2019. 江苏省设施蔬菜连作障碍土壤理化及生物特征 [J]. 江苏农业学报，35（5）：1 124–1 129.

杨锋，金海洋，周丕生，2019. 崇明地区典型设施土壤次生盐渍化特征研究 [J]. 上海交通大学学报：农业科学版（6）：143–147.

余亚琳，胡静，樊兆博，等，2020. 设施菜田夏季闷棚对还田秸秆矿化和 CO_2 排放的影响 [J]. 安徽农业科学（2）：81–84，92.

张会民，徐明岗，张文菊，等，2009. 长期施肥条件下土壤钾素固定影响因素分析 [J]. 科学通报，（17）：2 574–2 580.

张晓梅，程亮，2020. 种植年限对设施蔬菜土壤养分和环境的影响 [J]. 中国瓜菜（1）：48–54.

赵其国，1991. 土壤退化及其防治 [J]. 土壤（2）：57–60，86.

周开胜，2015. 厌氧还原土壤灭菌对设施蔬菜地连作障碍土壤性质的影响 [J]. 土壤通报（6）：1 497–1 502.

周艳红，喻景权，钱琼秋，等，2003. 低温弱光对黄瓜幼苗生长及抗氧化酶活性的影响 [J]. 应用生态学报，14（6）：921–924.

ALFRO M A, JARVIS S C, GREGORY P J, 2003. Potassium budgets in grassland systems as affected by nitrogen and drainage[J]. Soil Use and Management, 19(2) : 89–95.

BAI X, GAO J, WANG S, et al., 2020. Excessive nutrient balance surpluses in newly built solar greenhouses over five years leads to high nutrient accumulations in soil[J]. Agriculture Ecosystems & Environment, 288 : 106717.

CHEN S, YAN Z, ZHANG S, et al., 2019. Nitrogen application favors soil organic phosphorus accumulation in calcareous vegetable fields[J]. Biology and Fertility of Soils, 55(5) : 481–496.

FAN B, DING J, FENTON O, et al., 2020. Understanding phosphate sorption characteristics of mineral amendments in relation to stabilising high legacy P calcareous soil[J]. Environmental Pollution, 261 : 114175.

FORTUNE S, ROBINSON J S, Watson C A, et al., 2005. Response of organically managed grassland to available phosphorus and potassium in the soil and supplementary fertilization : field trials using grass–clover leys cut for silage[J]. Soil Use and Management, 21(4) : 370–376.

GU S, GRUAU G, DUPAS R, et al., 2019. Respective roles of Fe-oxyhydroxide dissolution, pH changes and sediment inputs in dissolved phosphorus release from wetland soils under anoxic conditions[J]. Geoderma, 338 : 365–374.

GUO J H, LIU X J, ZHANG Y, et al., 2010. Significant acidification in major Chinese croplands[J]. Science, 327, 1 008–1 010.

GUO R, LI X, CHRISTIE P, et al., 2008. Influence of root zone nitrogen management and a summer catch crop on cucumber yield and soil mineral nitrogen dynamics in intensive production systems[J]. Plant and Soil, 313(1–2) : 55–70.

JIA W, QIN W, ZHANG Q, et al., 2018. Evaluation of crop residues and manure production and their geographical distribution in China[J]. Journal of Cleaner Production, 188 : 954–965.

KAYSER M, BENKE M, ISSELSTEIN J, 2012. Potassium leaching following silage maize on a productive sandy soil[J]. Plant soil and Environment(12) : 545–550.

LUMBANRAJA J, EVANGELOU V P, 1990. Binary and ternary exchange behavior of potassium and ammonium on Kentucky subsoils[J]. Soil Science Society of America Journal, 54(3) : 698–705.

NISHIO M, KUSANO S, 1973. Fungi associated with roots of continuously cropped upland rice[J]. Soil Science and Plant Nutrition, 19(3) : 205–217.

RAHMAN M A, LI S, JI H C, et al., 2018. Importance of mineral nutrition for mitigating aluminum toxicity in plants on acidic soils : current status and opportunities[J]. International Journal of Molucular Sciences, 19(10) : 3 073.

SINGH O V, LABANA S, PANDEY G, et al., 2003. Phytoremediation : an overview of metallic ion decontamination from soil[J]. Applied Microbiology and Biotechnology, 61(5/6) : 405–412.

SPALDING R F, EXNER M E, 1993. Occurrence of Nitrate in Groundwater-A Review[J]. Journal of Environmental Quality, 22(3) : 392–402.

THORUP-KRISTENSEN K, 2001. Are differences in root growth of nitrogen catch crops important for their ability to reduce soil nitrate-N content, and how can this be measured? [J]. Plant and Soil, 230 : 185–195.

TIAN Y Q, ZHANG X Y, LIU J, et al., 2011. Effects of summer cover crop and residue management on cucumber growth in intensive Chinese production systems : soil nutrients, microbial properties and nematodes[J]. Plant and Soil, 339 : 299–315.

VAN BREEMEN N, 1984. Acidic deposition and internal proton sources in acidification of soils and waters[J]. Nature, 307 : 599–604.

YAN Z, LIU P, LI Y, et al., 2013. Phosphorus in China's intensive vegetable production systems : overfertilization, soil enrichment, and environmental implications[J]. Journal of Environment Quality, 42(4) : 982–989.

ZHANG X, ZHONG T, LIU L, et al., 2015. Impact of soil heavy metal pollution on food safety in China[J]. PLOS ONE 10(8) : e0135182.

ZHU J H, LI X L, CHRISTIE P, et al., 2005. Environmental implications of low nitrogen use efficiency in excessively fertilized hot pepper (*Capsicum frutescens* L.) cropping systems[J]. Agriculture, Ecosystems & Environment, 111(1–4) : 70–80.

（执笔人：陈　硕、陈　清、卢树昌）

第二章　设施土壤酸化与盐渍化改良

　　水肥过量投入是设施种植过程中存在的普遍问题，这可能导致土壤酸化和次生盐渍化等土壤质量退化问题。土壤酸化是土壤内部生成或外部输入的致酸离子引起土壤 pH 下降和盐基饱和度减小的过程。在自然状态下的土壤酸化过程十分缓慢，pH 下降 1 个单位需要数百万年的时间，但由于人为活动增多，土壤酸化程度加剧。土壤酸化成因不仅仅限于土壤形成与发育的气候等因素，外部高量水肥投入等农业措施成为土壤酸化的主要驱动因素（Guo et al.，2010）。设施菜田中，施用氮肥后的硝化作用过程中产生大量 H^+，其在土壤中的逐渐累积则引起土壤酸化。硝酸盐极容易在大水漫灌和过量施用氮肥的情况下发生淋洗，同时伴随盐基离子的淋洗也会加剧土壤的酸化程度。在设施栽培中，还普遍存在着次生盐渍化的问题。由于塑料薄膜长期覆盖，土壤本身受雨水淋溶作用较少，设施内温度高，增加了土壤水分的蒸发，水分蒸发将更多的盐分离子带到土壤表层，同时设施管理中过量施肥现象严重，土壤中盐基离子的增多，并逐年累积，加剧了土壤次生盐渍化。土壤酸化和次生盐渍化是我国设施栽培土壤普遍存在的土壤退化问题。

第一节　设施土壤酸化与盐渍化的特征与危害

一、设施土壤酸化特征与危害

氮肥硝化过程产生的 H^+ 与土壤胶体的吸附能力高于钙镁离子，

硝酸根淋洗会带走大量盐基离子，而质子在表层土壤积累到一定程度，会出现明显的土壤酸化。同时，盐基离子被作物吸收后，随收获作物移出土体，因此造成了土壤盐基离子失衡，这是产生土壤酸化另外一个重要原因。此外，这两种原因产生的净质子，又会与土壤胶体吸附的交换性盐基离子，如钙离子、镁离子等发生交换，经水冲洗，易导致大量的盐基离子被淋洗，土壤表层盐基饱和度下降，进而加剧土壤酸化。土壤酸化导致土壤结构破坏、板结、微生物种群结构变化以及铝、锰等有毒金属元素的活化等一系列土壤物理、化学、生物环境的变化，土壤缓冲性能下降和土壤质量降低，影响农作物生长发育和生态环境安全，从而增加人类健康风险。大多数作物生长最适宜的土壤 pH 范围为 6.0~7.5，当土壤 pH 降到 5.35 以下时，土壤交换性酸度，特别是交换性铝数量剧增，盐基饱和度迅速下降，此时作物根系发育差，产量和品质均明显下降，严重时甚至会引起作物中毒死亡（Grubben et al.，2004）。另外，土壤酸化还会导致土壤有毒重金属元素浓度增高，抑制作物生长发育，经由食物链危害人体或动物的健康。有研究发现，随着 pH 的下降，中酸性土壤交换性锰的含量显著增加，作物对锰元素的过量吸收，会导致对铁元素的吸收量下降。

土壤酸化还会加速土壤盐基离子，如 Ca^{2+}、Mg^{2+}、K^+、Na^+ 和 NH_4^+ 的淋洗流失，从而导致土壤养分库的消耗，造成土壤养分贫瘠，进而降低作物产量与品质；同时土壤酸化也可能造成土壤结构的破坏，降低对土壤有机质（土壤营养物质）的物理保护作用，使其分解加快，并增加了养分有效性和移动性，但由于有效态养分增加的比例不当，易引起养分间的不平衡。土壤酸化会对土壤生物种群结构特别是功能类群产生一定的影响，从而改变土壤的生物化学过程和物质循环方向等。例如，土壤 pH 会影响土壤微生物种类的分布及其活动，特别与土壤有机质的分解、氮和硫等营养元素及其化合物的转化关系尤为密切。土壤真菌适宜在酸性环境中活动，土壤酸化后，真菌数量相对增加（卢树昌，2011）。当土壤湿度较大时，很容易滋生土壤真菌性病虫害。当 pH < 4.5 时，自养硝化微生物的活性会严重下降（De Boer et al.，2001）。在酸性土壤中，由于硝化菌对低 pH 较为敏感，从而造成土壤亚硝酸的积累，进而对土壤生物和作物产生毒害。由此可见，土壤酸化对作物生长和土壤过程的影响是多方面的，它除了会对作物生长产生直接影响外，还会使许多物质的溶解度增加并对土壤的肥力因素、环境容量和生物学性质产生影响，进一步改变土壤中物质的生物地球化学循环。

二、设施土壤盐渍化特征与危害

在设施温室小气候中，周年有塑料膜保护，灌溉、施肥频繁，水分蒸发量大，导致盐分发生表层积聚，进而逐步出现次生盐渍化现象。设施土壤盐分含量普遍随着种植年限增长而呈上升趋势，且设施种植 4~5 年后，该趋势明显，此后由于土壤环境质量恶化，作物生长受阻。土壤盐分中的 Ca^{2+}、Mg^{2+}、K^+、Cl^-、NO_3^-、SO_4^{2-} 6 种盐分离子含量与种植年限之间呈极显著正相关关系。设施土壤次生盐渍化危害的主要表现如下。

（一）影响设施土壤养分的平衡供应以及养分的均衡吸收

土壤中盐分离子与养分离子的交互作用，导致某些养分的有效性降低，从而破坏了土壤中养分的平衡供应。如钙离子对磷有固定作用，从而降低了磷的有效性。

次生盐渍化土壤中某些盐分离子的累积会破坏作物对养分的均衡吸收，造成作物养分失衡，甚至导致单盐毒害。土壤中轻度硝酸盐累积即可造成蔬菜对各种营养元素的吸收不平衡，在酸性土壤上可引起缺铁症和锰中毒，石灰性土壤上可引起缺铁、锌、铜等症状。同时，硝酸盐积累也会影响作物对钙和镁的吸收，导致钙的生理病害加重。此外，Cl^- 对 NO_3^-、$H_2PO_4^-$，Na^+ 对 K^+、Ca^{2+}、Mg^{2+}，以及 K^+ 对 Mn^{2+}、Mg^{2+} 的吸收都有一定的抑制作用。

土壤盐渍化不利于作物根系的正常生长，致使根系的吸收能力显著降低，从而改变了作物对土壤养分浓度的要求，故只有当土壤养分浓度达到一定水平才可能被作物吸收利用，这就必须要求外界增大对土壤中养分的投入量以保证作物正常生长发育对养分的需求。然而外界养分离子的过高投入又加剧了土壤的次生盐渍化，因而随着设施年限的延长，土壤养分的累积和不平衡供应的问题也越来越突出。

（二）影响设施土壤微生物活性

土壤次生盐渍化不仅会直接影响土壤微生物的活性，还会通过改变部分土壤理化性状间接地影响土壤微生物的生存环境，从而导致设施内的土壤微生物种群、数量及活性的变化。例如，硝化细菌对盐分变化十分敏感，且随着土壤盐分含量的增大，硝化速率会急剧下降，当土壤 EC 值增加到 2.0mS/cm 时，硝化反应即变得极其微弱（王龙昌等，1998）。同时伴随着设施土壤次生盐渍化所出现的土壤酸化、土壤养分不平衡等，也改变了设施土壤的微生物状况，从而对整个土壤环境造成不利影响。大多数微生物存在于中性或微碱性环境中，土壤酸性越强越不利于土壤微生物的生长。

（三）影响设施蔬菜生长

设施土壤盐分过多对蔬菜的危害主要有 3 个方面。

1. 生理干旱

设施土壤中可溶性盐类过多，由于渗透势增高而使土壤水势降低，引起蔬菜根细胞吸收土壤水分困难或者是脱水。尤其是在高温强光照、大气相对湿度低的情况下，盐害表现严重。在设施土壤环境中，需要经常灌水，但经常灌水造成设施中空气湿度加大，容易诱发病害。

2. 离子毒害作用

由于盐分中离子不均衡，蔬菜吸收某种离子过多而排斥对另一些营养元素的吸收。如 Na^+ 过多会影响植株对 K^+、Ca^{2+}、Mg^{2+} 等离子的吸收。Cl^- 与 SO_4^{2-} 吸收过多，也可降低对 HPO_4^- 吸收，这种不平衡的吸收，不仅造成营养失调，抑制生长，同时造成单盐毒害作用。高浓度的 Na^+ 或 Cl^- 会在叶片或某些部位累积从而导致叶片灼伤等症状，植株组织中 Na^+ 和 Cl^- 含量增加会引起生菜顶端分生组织的 Ca^{2+}、K^+、PO_4^{3-} 含量减少。当土壤溶液中 Na^+/Ca^{2+} 含量高时易引起钙缺乏症。Na^+ 的累积会影响根系质膜上 K^+ 选择性离子通道，从而降低很多养分的有效性。高浓度 K^+ 会妨碍铁、镁的吸收。土壤中 SO_4^{2-} 浓度过高易引起缺钙，使植物下部叶片发红或从叶柄处脱落。盐化土中常因 Na^+、Cl^-、Mg^{2+}、SO_4^{2-} 等含量过高而引起 K^+、HPO_4^{2-}、NO_3^- 等的缺乏（郭全恩，2010）。

3. 破坏植株正常生理代谢

盐分过多可抑制叶绿素的合成与光合器官中各种酶的活性，影响光合作用。盐分过多对蔬菜的影响在多数情况下是呼吸作用降低，个别情况下反而有提高呼吸的效应，但总的趋向是呼吸消耗多，净光合生产率低，不利于生长。盐分过多对蛋白质代谢的影响比较明显，抑制蛋白质合成且提高其分解，这是盐害的主要特征。但盐度影响并非都是负面的，盐度对蔬菜作物产量和品质可能有积极影响，如菠菜在盐度处于低到中度时产量是随盐度增加而增加的。

蔬菜盐分耐性通常是指蔬菜忍受根层或叶片高盐分状况而不伴随明显的负面影响的内在能力。蔬菜作物耐盐性临界值普遍低于粮食作物，随着盐度增加蔬菜产量降低更快。一般随着株龄的增长，蔬菜作物耐盐能力逐渐增强，在营养生长阶段比种子时期耐盐能力强，最初的生长阶段（如萌发和幼苗时期）是作物对盐分胁迫最敏感的时期。Cl^- 是最易引起蔬菜作物品质和生长障碍的离子，不同种类蔬菜的种子萌发的耐盐适宜值、耐盐临界值和耐盐致死值如表 2-1 所示（曹玲等，2013）。

表 2-1　不同种类蔬菜种子萌发的耐盐性

单位：%

蔬菜种类		耐盐适宜值	耐盐临界值	耐盐致死值
十字花科	大白菜	≤ 1.1	1.5	2.2
	油菜	≤ 1.0	1.4	2.1
	乌塌菜	≤ 0.9	1.5	2.3
	甘蓝	≤ 1.0	1.4	2.1
	花椰菜	≤ 0.7	1.0	1.5
	球茎甘蓝	≤ 1.1	1.6	2.4
	芥蓝	≤ 0.9	1.3	1.8
	菜心	≤ 0.9	1.3	1.9
	萝卜	≤ 1.1	1.6	2.3
	根用芥菜	≤ 1.0	1.4	2.1
	芜菁	≤ 0.9	1.3	1.9
葫芦科	黄瓜	≤ 0.6	1.0	1.7
	西瓜	≤ 0.1	0.4	1.0
	厚皮甜瓜	≤ 0.8	1.1	1.6
	中国南瓜	≤ 0.7	1.0	1.5
	西葫芦	≤ 1.1	1.6	2.3
茄科	辣椒	≤ 1.3	1.9	2.8
	茄子	≤ 0.1	0.5	1.0
	番茄	≤ 0.3	0.5	0.8
豆科	菜豆	≤ 1.1	1.9	3.2
	豇豆	≤ 0.8	1.1	1.6
伞形科	胡萝卜	≤ 0.7	0.9	1.3
	芹菜	≤ 0.8	1.1	2.1
百合科	大葱	≤ 1.1	1.5	2.3
	韭菜	≤ 0.9	1.4	2.3
其他	生菜	≤ 0.9	1.2	1.8
	空心菜	≤ 1.0	1.4	2.0

第二节　设施土壤酸化与盐渍化改良措施

一、设施土壤酸化改良措施

（一）控制水氮投入减缓土壤酸化

水是可溶性氮素向下迁移的载体，氮素淋失与土壤含水量、土壤水传导性和土壤溶液浓度差有密切关系。所谓的氮素淋溶，首要条件是灌溉量达到土壤饱和值。袁新民等（2000）研究表明，在灌水 428mm 和 643mm 时硝态氮就运移到 520~540cm 深处，将灌水量增加到 857mm，硝态氮则运移到 620~640cm。灌水量的减少可以有效降低土壤养分的淋溶，因为其一方面降低了淋溶液的体积，另一方面则通过改变含水量改变了土壤中微生物的活动，从而影响了淋溶液的养分浓度，使养分更好地留在土壤中（袁文昊，2009）。黄昊进等（2017）研究发现，常规灌水处理比节水处理使 40~60cm 土层硝态氮含量增加了 4.32%。姜萍等（2013）试验表明，节水灌溉最高能够减少 17.28% 的渗漏量和 52.01% 的总氮损失。于红梅等（2007）研究指出，保持根层土壤含水量在植物有效土壤含水量的 50%~80%，既节约灌溉用水又降低了 80% 的硝态氮淋洗。

设施菜田氮素供应目标值没有统一标准，农户与农户之间差异较大，频繁灌水会造成养分的大量流失，硝态氮的淋失率也就存在着差异。所以，我们应根据作物不同的生长阶段的需水特性进行适时和适量的灌溉，做到以肥调水、以水促肥，探索日光温室菜地新的灌溉技术。例如，日光温室蔬菜生产应该适时适量灌溉，尽量避免人为的一次灌水过多而引起的硝态氮淋失，以产量、经济效益和环境综合效益为目标，优化水肥管理，使肥料与灌溉的分配与作物生理需求同步，这是防止和减轻氮素污染的有效手段。Waddell 等（2000）研究表明，减少灌溉数量，采用节水的滴灌方式都能有效地减少氮素的淋失。当土壤含水量为田间持水量的 50%~70% 时，土壤中硝化作用最为旺盛，过高或过低则受到一定程度的抑制。同时也可以根据作物的生长适时灌溉，在作物需水的高峰期，大量灌水也不会发生硝态氮的强烈淋失。

灌溉方式及其均匀性也影响着日光温室土壤硝酸盐的淋失。由于受到经济条件和技术水平的制约，大部分地区保护地仍以灌溉均匀度比较低的沟灌、畦灌和漫灌方式为主。保护地蔬菜生产使用渗灌、滴灌进行灌溉，能够减少硝态氮的积累，提高水肥利用效率。杨丽娟等（2001）研究表明，渗灌条件下的表层土壤（0~30cm）硝态氮含量大于沟灌，渗灌和沟灌 0~30cm 土层硝态氮含量分别为 258~393mg N/kg 和 183~360mg N/kg，这是由于渗灌条件下硝态氮随水上移，在 20~30cm 处滞留时间较长（渗灌管埋在地下 30cm 处）。由于硝态氮不能被土壤胶体吸附，易随灌溉水流失，因此灌溉均匀度低更易造成局部地区硝态氮积累或淋失。有研究表明，在改良灌溉措施下，肥料氮素的淋失量可以减少 51%~81%。采用控制土壤含水量在蔬菜生长的有效土壤含水量的 50%~80%（植物生长有效含水量 = 田间持水量 – 萎蔫含水量），能够较好地掌握灌水时间从而明显降低硝态氮的淋洗。采用可变亏缺触发器（variable deficit trigger）用以及时调整灌溉方案，可使硝态氮的淋失量降低 50%~55%。有研究发现，交替性沟灌与全部沟灌相比，玉米生物量及累积吸氮量并无明显差别，但将氮肥施在不灌溉的沟内，能明显减少氮素的淋洗损失而不影响作物的产量。马腾飞等（2010）研究发现，相同施肥处理滴灌和漫灌土壤硝态氮含量几乎相同，但是滴灌处理时的硝态氮主要分布在 0.4~0.6m 土层，漫灌处理时的硝态氮则分布在 0.6~0.8m 土层。蔬菜根系较浅，对养分的吸收主要集中在 0~60cm 土层，过量灌溉必然导致养分淋洗出根层土壤。合理的滴灌施肥技术可以有效、持续地向作物根系供应水分和养分，在保护地蔬菜生产中应用滴灌施肥技术，在保证产量不降的基础上明显降低了肥料的投入量，土壤硝态氮的累积和淋失明显减少。

（二）种植填闲作物减缓土壤酸化

夏季休闲季节高温多雨，如果没有作物覆盖，蒸散量低，土壤水分存留一旦超过田间持水量便很容易下渗，因此休闲季通过渗漏损失的比例往往高于蔬菜生长季，种植填闲作物可以缓解淋洗的发生。有些设施菜地每年会有休闲期，在此期间种植填闲作物可有效减少硝态氮的淋洗，其原因一方面在于种植填闲作物可以消耗土壤中的养分，降低土壤中硝态氮的累积量；另一方面，休闲期水分的损失主要是蒸发和渗漏，而种植填闲作物后，水分的损失主要是蒸腾和渗漏，它大大提高了土壤水分的上行通量，减少了近42%的水分渗漏量，从而减少了硝态氮的淋失。填闲作物首先是通过深根系作物的吸收作用减少表层土壤溶液中氮素浓度，从而减少淋洗强度；此外通过对深层土壤氮素的吸收作用（即提氮作用），减少根层以下的氮素浓度，甚至由此产生的浓度差使得氮素向上扩散。因此以减少土壤硝酸盐淋洗为目的种植的填闲作物必须具备在较短生长期内地上部及根系生长迅速、地上部和根系生物量大、生长速度快、生育期短的特征。

梁浩等（2016）在京郊设施菜地中的研究结果表明，休闲期种植甜玉米能显著提高土壤水分的上行通量，减少约42%的水分渗漏量；种植甜玉米处理的氮素淋洗量范围为$1.3\sim50.9kg/hm^2$，远远低于施肥处理的$59.2\sim274kg/hm^2$，甚至低于不施肥处理的$38.6\sim151.6kg/hm^2$。因此，在夏季选择甜玉米作为填闲作物进行种植，对硝态氮的淋洗有明显的阻控作用。高温促进土壤中水分蒸发，氮素随着水分向上运动，却在水分蒸发之后残留在土壤表层。此外，土壤矿化作用在高温多雨条件下加剧，也使得各处理在玉米季虽不施肥，表层土的硝态氮含量却升高，同时，强降雨又使氮素溶解向下运动，加剧硝态氮淋溶。填闲作物的种植不仅能够回收利用残余的肥料氮作为有效氮源，并且深根系的填闲作物还可以通过根系下扎吸取土壤下层累积的养分，有效降低氮素在土壤中的积累，减少硝态氮的淋溶。玉米是深根作物，其根系有 50% 集中在 0~40cm 土层内，可以充分吸收上层土壤的硝态氮，从根源上阻控土壤硝态氮的淋溶，因而在填闲季节，常规填闲处理阻控硝态氮淋溶的效果凸显。

（三）土壤改良剂缓解土壤酸化

近年来，直接施用酸性土壤调理剂改良调节土壤 pH 已成为一种简单有效可行的方式，且我国每年酸性土壤调理剂的种类及数量均在增加。根据行业标准《效果试验和评价技术要求》对土壤调理剂的定义，土壤调理剂主要是指那些外源添加物能使土壤物理化学生物性质方面得到改善作用的物质，修复改善土壤理化环境及污染。因此，未来土壤改良技术的发展中，施用土壤调理剂将会得到更广泛的使用。

土壤矿物在缓解土壤酸化方面效果显著。天然矿物质种类很多，如白云石、磷石膏、磷矿粉、沸石、蒙脱石粉、硅酸钙粉、橄榄石粉、硫粉、石灰或石灰石粉、硼矿粉、锌矿粉和泥炭等。石灰是一种用于调节土壤酸度的传统而有效的改良剂，呈强碱性，因此能中和酸性土壤表面的活性酸和潜性酸，增加作物产量。虽然大量研究表明施用石灰能增加作物产量，但是连续施用或施用量不当则亦会致作物减产。酸性土壤在施用石灰后存在复酸化过程，即酸性土壤在石灰的碱性物质消耗后再次发生土壤酸化，而且酸化程度比施用石灰前有所增加。因土壤中 HCO_3^- 活度在施用石灰后增加，从而加速了酸性土壤中有机质的分解，导致土壤酸度增加。因此，在酸性土壤上施用石灰虽然是改良酸性土壤较为经济、便捷的方法，但大量或长期施用石灰会更频繁地依赖通过施用石灰来调节土壤的酸度，还可能会加剧土壤酸化和土壤板结而形成"石灰板结田"，且易引起土壤中钙、钾、镁等元素的平衡失调而抑制作物生长致作物减产。

工业副产物矿渣，如碱性煤渣、高炉渣、粉煤灰、煤矸石等也在改善酸土 pH 方面具有良好的效果。工业固体废物中部分矿山固体废弃物，是矿产资源开发利用过程中产生的当前技术经济条件下不具经济价值而被丢弃堆放的物质。近年来，我国每年产生的工业固体废物近10亿t，据估计，全国工业固体废弃物堆存占地面积达100多万亩[①]，其中农田约10万亩（董发勤等，2014）。研究表明，钾长石、膨润土、泥炭、钢渣、矿渣、粉煤灰等工业固体废弃物无污染组分，并且富含利于植物生长、促进土壤营养组分转化吸收的中微量元素和有益元素。因此，矿产废弃物资源化农用具有广泛前景，如硅肥、钙镁硅肥以及钾钙镁肥的生产与应用。硅钙钾镁肥是磷石膏和钾长石高温煅烧而成的一种新型碱性矿物肥料，该肥料富含多种中微量元素，能够有效克服传统改良剂养分单一的不足（冀建华等，2019）。硅钾钙镁肥对促进作物生育，提高产量和品质，增强植株抗病和抗倒伏能力，提高氮、磷肥效具有较好的效果，同时还能中和土壤酸性。这些矿物通过改变土壤结构，调节土壤酸碱度，并提供微量矿质元素来改善土壤，进而提高土壤肥力。研究表明，施用硅钙钾镁肥可通过增加稻田土壤碱基离子含量并降低交换性铝含量，达到提高土壤pH的目的（韩科峰等，2018）。

（四）有机物料缓解土壤酸化

有机物料主要包括有机固体废弃物（作物秸秆、豆科绿肥和畜禽粪便等）、天然提取高分子化合物（多糖、纤维素、树脂胶、单宁酸、腐植酸、木质素等）。有机物料改良剂即向土壤中施用的有机物质，其不仅能提供作物需要的养分，提高土壤的肥力水平，还能增加土壤微生物的活性，增强土壤对酸的缓冲性能。有机物料还能与单体铝复合，降低土壤交换性铝的含量，减轻铝对植物的毒害作用。用作改良土壤的有机物料种类很多，在农业中取材也比较方便，如各种农作物的茎秆、家畜的粪肥、绿肥和草木灰等。如施用草木灰对酸性贫瘠土壤主要有两方面的作用：一是草木灰在土壤中会产生石灰效应，使土壤的pH大幅度升高，Ca^{2+}、Mg^{2+}、SO_4^{2-} 和无机碳含

① 1亩 ≈ 667m^2；15亩 =1hm^2。全书同。

量增加，而 SO_4^{2-} 和 OH^- 之间的配位基交换作用也提高了碱度；另一方面，草木灰能够增加土壤养分含量，特别是能极大提高土壤钾含量。某些植物物料对土壤酸度具有明显的改良作用，主要是通过增加土壤的有机质含量来增加土壤阳离子交换量，且植物物料或多或少含有一定量的灰化碱，直接对土壤酸度起到中和作用，可在短期内见效。胡衡生等（1994）研究发现，向酸性土壤单施或组合施加泥炭、水稻秸秆、绿肥、油坊软泥均能不同程度提高土壤 pH，降低植物的铝毒作用。向酸性土壤加入泥炭，其中所含的胡敏酸和富里酸能与土壤中铝结合，形成不溶性的铝有机物络合物。把绿肥施加到酸性土壤后，其分解产生的有机阴离子能与土壤表面羟基（—OH）发生交换反应，将土壤中的 OH^- 释放到土壤溶液中，以提高土壤酸的缓冲能力，从而达到降低土壤铝活性的目的。除此之外，生物炭中含有的碱性物质在进入土壤后可以很快释放出来，中和部分土壤酸，可以增加盐基离子含量和阳离子交换量。生物炭还可以提供植物所必需的氮、磷、钾、钙及镁等营养元素，并起到钝化酸性土壤中重金属元素的作用，促进作物生长。生物炭良好的孔隙结构和吸附能力也为土壤微生物的生存提供了附着位点和较大的空间（何绪生等，2011）。因此，生物碳对酸性土壤也具有一定的改良效果。

二、设施土壤次生盐渍化改良措施

（一）科学施用化肥和增施有机肥

化肥的用量要适量，并且要依据各种肥料的特性科学施用，从源头上降低肥料的投入，减少盐分在土壤中的过多累积，做到保水保肥和养分平衡。如氮肥深施、磷肥近施等，氮磷钾肥要配合合理施用，有利于相互的促进和功效的发挥。一般而言，合理施肥方案的实施可分以下 4 个步骤。

第一，确定施肥总量。根据测土配方进行施肥，以及增加有机物料的施用均可以降低土壤盐分含量。有机肥中含有的有机质和有机胶体具有隔盐、缓冲盐碱危害等作用，在设施土壤中增施有机肥，不仅可以保护土壤结构，还可以减少盐渍化的发生。但是大量畜禽有机肥的施用，可能引起重金属累积等问题，因此，要在控制总量的条件下，平衡化肥和有机肥的施用量。

第二，分配基追肥比例。每种作物都有特定的生长发育规律，对养分需求的种类和数量也是分阶段的，因此，肥料施用时一定要分配好基肥和追肥的比例。

第三，选择肥料品种。需要注意单质肥料与复合肥的合理搭配、速效肥料与缓控释肥的搭配、大量养分与微量养分肥料的搭配，以及有机肥和无机肥的搭配。此外，配合施用微生物菌剂，可以显著改善微生物区系，增加作物对营养元素的吸收的同时，降低土壤全盐量。

第四，采用科学的施用方法。基肥施用要适当深施，尽量靠近根系，但不能直接接触。追肥以氮钾肥为主，应浅施，忌撒施，水肥同步。在作物关键生育期或生长后期，可补施叶面肥，尽量单独使用，且控制好喷施浓度。

（二）灌水洗盐

一般选择在每年 6—8 月的高温季节，利用换茬一段时间空隙，对有盐渍化现象的设施土壤进行大水漫灌，漫灌时让水浸没土壤表面，一段时间之后，水下渗流失，自然落干，这时可再向棚内灌水，反复几次，使土壤表层的盐分随水流下，整个过程 3~4 天。范浩定等（2004）发现，作物收获后，土壤灌水 3 次后的大棚土壤全盐含量由原来的 0.53% 下降到 0.26%，而休闲大棚的含盐量由原来的 0.53% 上升到 0.56%。分析认为，在高温季节，大棚土壤内水分大量蒸发，土壤中所含盐分随水蒸发集聚在土壤表面，这时如采取灌水冲洗，大量盐分溶解于水并随之流失排除或下渗到地下水层，连续 3 次灌水冲洗后，土壤盐分含量下降明显。未经灌水冲洗的，因土壤水分大量蒸发，其盐分集聚到土壤表层，全盐含量反而增加。

灌水洗盐不仅可减少土壤耕作层的盐分，还可起到消毒土壤的作用，减少土传病害。灌水洗盐后，设施内生产的后茬蔬菜长势良好，短期内没有盐渍化现象出现，但长期来看土壤返盐现象比较突出，此外，洗盐需水量较大，且排水系统受到地形限制等。

（三）推广应用节水滴灌方式

漫灌容易使土壤板结，在毛细管作用下，盐分上升造成土壤盐渍化。滴灌可保持土壤疏松，盐分不易上升。此外，膜下滴灌技术具有调控土壤中盐分的作用，可以在短时间内使作物根区形成脱盐区，促进植物的生长。渗灌可以达到减慢土壤盐分的积累，降低发生次生盐渍化的速度。减少浇水次数可以减少土壤盐分的向下迁移，同时阻止土壤表层反盐。王为木等（2010）研究认为滴灌和渗灌较常规灌溉方式均能够降低 $0\sim20cm$ 土层土壤全盐量，其中滴灌的效果最明显，渗灌次之（表2-2）。在土壤八大盐分离子中，SO_4^{2-} 和 Na^+ 含量受灌溉方式的影响最为显著。

表2-2　不同灌溉方式下 $0\sim20cm$ 土层土壤离子组成

单位：mg/kg

灌溉方式	HCO_3^-	Cl^-	SO_4^{2-}	K^+	Na^+	Ca^{2+}	Mg^{2+}
滴灌	14	16	39	29	69	302	11
渗灌	13	20	77	41	99	406	12
常规	13	24	128	45	113	242	23

（四）盐渍化改良材料和菌剂的应用

施用土壤改良材料，一方面可以调节土壤酸碱度，另一方面可以降低土壤盐分浓度，因此应用较为普遍。改良材料包括天然、人工生物类材料。土壤改良剂中的 Si^{2+}、Ca^{2+}、Fe^{2+} 等二价阳离子与土壤中的有机无机胶体能快速形成土壤团粒结构，解决土壤板结问题，促进根系生长，同时调节土壤的固、液、气三相比例。聚丙烯酰胺（polyacrylamid，PAM）在土壤化学改良中运用较为广泛，由于其分子结构的特性，具有抑制水分蒸发、提高土壤入渗速率以及保水保肥的能力，在一定范围内施用聚丙烯酰胺材料可增加土壤团聚体，同时降低土壤容重（张婉璐等，2012），这有利于盐渍化土壤的改良。除此之外，石膏也是改良土壤的重要材料，石膏能够提高土壤的渗透速率、脱盐率及孔隙度等，降低土壤碱化程度和容重，进而缓解土壤板结。增施微生物菌剂，可以快速增加土壤中有益微生物的数量和比例，提高有机质含量，这些有益菌能够有效降解农药和化肥的残留物及有害化学物质，增加板结土壤的通透性。此外，有益微生物在生长繁殖时能分泌多糖、酶等有益物质，能活化板结土壤中被固定的养分，提高营养元素的吸收效率，起到疏松土壤、培肥地力的作用，进而为蔬菜的生长提供了良好环境，是改良土壤次生盐渍化的有效措施。

（五）种植耐盐、吸盐植物

自然界中许多植物有很强的耐盐本领。一般随着株龄的增长，蔬菜作物耐盐能力逐渐增强，在营养生长阶段比种子时期耐盐能力强，最初的生长阶段（如萌发和幼苗时期）是蔬菜对盐分胁迫最敏感的时期，故在苗期应严格控制土壤盐分水平，以 EC_t 为衡量苗期土壤盐分状况的临界标准。然而，有研究表明根层土壤 EC 的适当增长有助于提高黄瓜、甜椒和番茄等蔬菜果实的品质，实现产量最大与品质最优的盐分水平有时并不一致，所以在蔬菜作物苗期结束之后可以适当放宽对土壤盐分的要求，以 EC_{25} 为临界指标来衡量土壤盐分状况，在 EC_{25} 以内，蔬菜作物产量既不会受到太大损失，同时也能保证果实品质。在 EC_{50} 以内，蔬菜作物虽减产幅度较大，有减产过半的风险，但仍可以在当季种植过程中通过水肥用量和频数的调控来降低土壤 EC 值，以缓解或消除盐害。当超过 EC_{50} 时，造成的盐害问题难以在当季种植过程中缓解，可能需要拉秧后采取排盐措施。根据上述讨论，总结建立适用于设施菜田的土壤盐分状况 $EC_{1:5}$ 和 $EC_{1:1}$ 评价分级标准，便于实际应用参考，见表2-3。

表2-3 设施菜田土壤盐分分级标准（李宇虹，2013）

单位：dS/m

| 作物分类 | 蔬菜作物 | EC$_{1:5}$ | | | | EC$_{1:1}$ | | |
		苗期临界值（EC$_t$）	全生育期安全范围（EC$_t$~EC$_{25}$）	可调控范围（EC$_{25}$~EC$_{50}$）	严重毒害（>EC$_{50}$）	苗期临界值（EC$_t$）	全生育期安全范围（EC$_t$~EC$_{25}$）	可调控范围（EC$_{25}$~EC$_{50}$）	严重毒害（EC$_{50}$）
敏感作物	豆类 胡萝卜 茄子 生菜 洋葱 辣椒	0.1	0.3	0.3~0.5	>0.5	0.6	1.3	1.3~2.0	2.0
非敏感作物	卷心菜 芹菜 菠菜 黄瓜 西兰花 大白菜 大蒜 番茄	0.3	0.5	0.5~0.8	>0.8	1.2	2.4	2.4~3.5	3.5

注：EC$_t$，衡量苗期土壤盐分状况的临界标准；EC$_{25}$和EC$_{50}$分别代表不同蔬菜在减产25%和50%时土水比1：5浸提液的电导率。

（六）其他管理措施

在设施蔬菜生产中土壤翻耕的质量常常被生产者忽视，由于设施内空间条件的限制，使大型机械无法作业，也限制了土壤翻耕的深度，建议保证每年土壤有 2 次 18~20cm 的深耕。土壤深翻有利于土壤养分的充分利用，也可以一定程度减少设施土壤盐渍化现象的发生。

在雨水多且集中的月份，一般在 6—10 月揭去大棚膜，温室可开启顶部通风窗，让雨水自然淋洗，冲刷土壤中的盐分。单栋大棚一般可以每年揭一次，连栋大棚可 2~3 年揭膜一次。此外，土壤中的铵态氮很容易经硝化作用形成硝态氮加重设施土壤的盐渍化程度，因此有学者通过施用硝化抑制剂，在一定程度上抑制土壤硝化作用，有利于防止土壤盐分的累积。

主要参考文献

曹玲，王艳芳，陈宝悦，等，2013. 主要蔬菜作物耐盐性比较 [J]. 华北农学报（S1）：233-237.

董发勤，徐龙华，彭同江，等，2014. 工业固体废物资源循环利用矿物学 [J]. 地学前缘，21（5）：302-312.

范浩定，吴爱芳，周仕龙，2004. 大棚蔬菜土壤盐渍化治理技术研究 [J]. 长江蔬菜（4）：48-49.

郭全恩，2010. 土壤盐分离子迁移及其分异规律对环境因素的响应机制 [D]. 杨凌：西北农林科技大学.

韩科峰，陈余平，胡铁军，等，2018. 硅钙钾镁肥对浙江省酸性水稻土壤的改良效果 [J]. 浙江农业学报，30（1）：117-122.

何绪生，张树清，佘雕，等，2011. 生物炭对土壤肥料的作用及未来研究 [J]. 中国农学通报（15）：16-25.

胡衡生，潘晖，1994. V格拉姆柱花草对土壤改良作用的研究 [J]. 广西师院学报：自然科学版（1）：57-61.

黄吴进，邓利梅，夏建国，等，2017. 温室滴灌施肥条件下土壤硝态氮的运移

及分布特征 [J]. 灌溉排水学报，36（12）：42-48.

冀建华，李絮花，刘秀梅，等，2019. 硅钙钾镁肥对南方稻田土壤酸性和盐基离子动态变化的影响 [J]. 应用生态学报，30（2）：583-592.

姜萍，袁永坤，朱日恒，等，2013. 节水灌溉条件下稻田氮素径流与渗漏流失特征研究 [J]. 农业环境科学学报，32（8）：1 592-1 596.

李宇虹，2013. 设施菜田土壤盐分累积动态的分析与评价 [D]. 北京：中国农业大学.

梁浩，胡克林，侯森，等，2016. 填闲玉米对京郊设施菜地土壤氮素淋洗影响的模拟分析 [J]. 农业机械学报，47（8）：125-136.

卢树昌，2011. 土壤肥料学 [M]. 北京：中国农业出版社.

马腾飞，危常州，王娟，等，2010. 不同灌溉方式下土壤中氮素分布和对棉花氮素吸收的影响 [J]. 新疆农业科学，47（5）：859-864.

王龙昌，玉井理，1998. 水分和盐分对土壤微生物活性的影响 [J]. 垦殖与稻作（3）：40-42.

王为木，高缙，2010. 不同灌溉方式对温室表层土壤盐分积累的影响 [J]. 安徽农业科学（12）：372-373，491.

杨丽娟，张玉龙，2001. 保护地菜田土壤硝酸盐积累及其调控措施的研究进展 [J]. 土壤通报，32（2）：66-69.

于红梅，李子忠，龚元石，2007. 传统和优化水氮管理对蔬菜地土壤氮素损失与利用效率的影响 [J]. 农业工程学报，23（2）：54-59.

袁文昊，2009. 土壤微生物活动下的氮、磷变化及对地下河水质的影响研究 [D]. 重庆：西南大学.

袁新民，王周琼，2000. 硝态氮的淋洗及其影响因素 [J]. 干旱区研究，17（4）：46-46.

张婉璐，魏占民，徐睿智，等，2012. PAM 对河套灌区盐渍土物理性状及水分蒸发影响的初步研究水土保持学报（3）：227-231，237.

DE BOER B，2001. The origins of vowel systems[M]. New York：Oxford University Press.

GRUBBEN G J H，DENTON O A，2004. Plant resources of tropical Africa 2. Vegetables[M]. Netherlands：Backhuys Pulishers.

GUO J H，LIU X J，ZHANG Y，et al.，2010. Significant acidification in major Chinese croplands[J]. Science，327：1 008-1 010.

WADDELL J T，GUPTA S C，MONCRIEF J F，et al.，2000. Irrigation-and nitrogenmanagement impacts on nitrate leaching under potato[J]. Journal of Environmental Quality, 29(1) : 251–261.

（执笔人：尹俊慧、丁佳惠）

第三章　设施土壤连作障碍改良

设施菜田常年处于封闭或半封闭状态下，具有气温高、湿度大、肥料投入量多等特点（李俊良等，2002），这种菜田种植蔬菜多年以后，土壤质量状况将发生显著变化，生产中就出现了因土壤连作障碍而造成产量下降的问题。所谓土壤连作障碍是由于人为利用土壤不当，引起土壤肥力质量、环境健康质量下降，并严重影响菜田持续生产的土壤理化性状和生物性状恶化的表现，进而造成产量和品质下降的现象（卢树昌，2009；吴凤芝等，2000）。菜田土壤连作障碍通常表现为土壤理化障碍和生物障碍（王敬国，2011），如土壤板结、低温、酸化、盐渍化、土传病虫害等。尤其在果类蔬菜连作生产中，更重要的是土壤的生物学障碍，土壤生物多样性的变差则意味着受它们调节的有机质矿化、养分释放、转化和循环等过程发生改变，对土壤生物性状的影响主要包括微生物区系失衡、自毒物质累积以及土传病害等。因此，设施菜田土壤连作障碍问题越来越受到人们的关注，如何控制土壤质量退化，修复并保持土壤健康，实现设施蔬菜产业可持续发展是设施蔬菜生产上亟待解决的问题。

第一节　设施土壤连作障碍的特征与危害

一、设施土壤连作障碍机制特征

在同一块土壤中连续栽培同种或同科的作物时，即使在正常的栽培管理状况下，也会出现生长势变弱、产量降低、品质下降、病虫害严重的现象，此为连作障碍（陈晓红等，2002），连作障碍是作物与土壤两个系统内部诸多因素综合作用结果的外在表现（叶素芬，2004）。

　　土壤生物学环境恶化，包括土壤中自毒产物积累，根系分泌物和土壤有害微生物增加，土壤根结线虫为害等。随着研究的不断深入，多数研究学者认为，土壤微生物学特性的变化是土壤生物学连作障碍最主要的原因。松本满夫（1978）在连作水稻危害研究中，也认为土壤生物病原菌和植物寄生性线虫是植物灾害性减产的主要直接原因，土壤养分、土壤反应和土壤物理性质的异常是次要原因。沈岛（1983）将产生连作障碍的原因归纳为五大因子：土壤养分亏缺；土壤反应异常；土壤物理性状恶化；来自植物的有害物质；土壤微生物变化。并强调土壤微生物的变化是连作障碍的主要因子，其他为辅助因子。

　　总结国内外的研究结果认为，设施蔬菜连作障碍的主要原因为即土壤生态系统失衡、化感作用和土壤养分失衡，如图3-1所示（赵小翠，2010）。

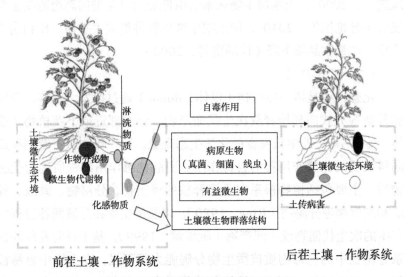

图3-1　设施菜田连作障碍问题分析

（一）土壤生态系统失衡

连作形成特殊的土壤环境为土壤中病原菌及线虫的生存和繁殖提供了适宜的条件和栖息场所，使连作土壤中病原菌和有害线虫的数量不断增加，致使土传病害蔓延，而且由于连作下的土壤次生盐渍化和自毒物质的累积抑制土壤有益微生物的生长，使得土壤中微生物总量减少（齐会岩，2009），作物化感作用对连作障碍的作用也主要是通过改变微生物种群结构来影响的（王敬国，2011）。近年来，由于化肥过量施用还造成土壤中病原菌的颉颃菌减少，加重了土传病害的发生（段春梅，2010），因此，土壤微生物学性质下降是导致设施蔬菜连作障碍的主要原因之一。吴凤芝等（1999）研究认为大棚黄瓜连作障碍的主要因素来自前茬的土壤生物环境，王敬国等（2011）认为，根系活动对根际土壤微生物群落结构的影响引起的土壤微生态系统失衡，是连作土壤出现生物学障碍的最主要原因。

连作下土壤微生物与植物之间相互选择，使得连作条件下的某些特定微生物富集，病原菌数量增加，有益细菌种类和数量减少（吴凤芝等，2000），土壤微生物区系会由低肥的真菌型向高肥的细菌型发展（孙艳艳等，2010），使土壤中微生物种群失去平衡，作物病害严重，产量和品质下降（徐瑞富等，2003）。

（二）化感作用

化感作用是指一种植物（供体，donor）通过挥发、淋溶、分泌和分解等方式向环境释放次生代谢产物，影响邻近或下茬植物（受体，receiver）的生长发育的化学生态现象。同一作物对下茬同种或同科植物的化感作用称为自毒作用。引起化感作用的物质称为化感物质，主要包括植物根系向土壤释放的渗出物、分泌物、黏液、胶质和裂解物等分泌物（Rice，1980），以及微生物在分解残茬过程中产生的次生代谢物或中间产物（阮维斌，1999）。基于目前发现的根系分泌物中的自毒物质抗微生物分解能力都不强，在土壤中容易被降解，王敬国等（2011）认为化感物质主要来自微生物的合成、释放或分解有机质过程中产生的中间产物。

连作体系下，蔬菜根系分泌和微生物分解植物残体过程中释放的化感物质对土壤物理、化学和生物学性质有直接的影响，并对下茬作物生长发育有毒害作用（林文雄等，2007）。Takijima 等（1959）曾指出番茄水培液对自身的生长有毒害作用。Jing 等（1993）指出这种有毒物质主要来自根系分泌的有机酸和酚类物质。周志红等（1997）研究也发现，番茄根系分泌物对自身的株高和鲜重有明显抑制作用。吴凤芝等（1999）在研究设施番茄连作障碍时也指出，随着连作年限的增加，番茄根系分泌的酚酸物质增加了有害真菌的数量。另外，植物化感物质的成分及数量与土壤营养状况有关，营养不均衡不但直接导致作物连作障碍，而且也可通过改变根系分泌物种类和数量间接影响植物生长。虽然化感作用是造成番茄连作障碍的原因之一，王敬国等（2011）认为，目前绝大多数情况下难以肯定植物的化感作用是引起连作障碍的关键因素，并认为其影响最大的可能途径是通过改变土壤微生物的种群结构来影响下茬作物的。

（三）土壤养分失衡

某种特定的作物对土壤中矿质元素的需求种类和吸收比例是有特定规律的，长期连作蔬菜必然会导致土壤中某种或某几种元素的缺乏，得不到及时补偿时就会影响作物的正常生长，使作物抗逆能力下降，病虫害发生严重，从而导致产量和品质下降。再加上设施（仅指温室和塑料大棚）内全年温度高、空气湿度大、光照时间短、光照强度弱、降雨淋洗少，而且蔬菜栽培中茬口多、施肥量高，与露地相比，设施土壤矿化率高、含氮量高、磷素富集、钾素相对不足、pH 低、盐分表聚程度高、氧化还原电位（electric potential half cells，Eh）低（葛晓光，2000），对蔬菜生长、产量及品质造成影响。

喻敏等（2004）指出，百合连作造成根际土壤中钾素亏缺可能是限制连作百合产量和质量的主要因子；韩丽梅等（1998）认为，大豆连作降低了土壤锌的生物有效性，导致连作大豆生长受阻，氮磷代谢受到影响，抗逆性降低，病虫害加剧，产量和品质降低；梁银丽等（2004）的研究表明，在设施栽培中由于重氮磷而轻钾肥的不当施肥造成的土壤养分不均衡的加剧了连作障碍问题。

综上所述，作物根系活动引发的土壤生物群落结构变化，致使土壤微生态系统失衡是设施蔬菜连作障碍的最主要原因，而且王汉荣等（2008）对1 256块连作障碍菜田土壤调查发现，由土壤病原菌导致连作障碍的原因占到68.7%，线虫病害占6.1%，可见，土壤微生物变化是引发连作下生物学障碍，导致设施菜田土壤质量下降，影响设施蔬菜产量和品质的主要原因。

二、设施土壤连作障碍发生的危害

菜田土传病害问题随着种植年限的延长，变得日益严重，其中土壤根结线虫（图3-2）是所有病原物中危害最严重的一类病害。设施菜田土壤根结线虫等土壤生物学环境恶化是土壤质量衰退的主要原因之一（Bagayoko et al.，2000；Alvey et al.，2003）。根结线

图3-2 番茄根结线虫

虫病害主要为害黄瓜、番茄等蔬菜作物。针对河南省17个地市96个合作社调查发现所有大棚均采取连作模式种植，设施连作年限大都在5年以上，最长连作年限达30年以上，其中设施蔬菜的最大危害为根结线虫，导致的发病率为84.6%（王广印，2016）。董炜博等（2004）通过连续3年对山东省蔬菜主产区保护地蔬菜根结线虫病的发生规律、为害程度的调查发现，蔬菜根结线虫病的发生已相当普遍，大棚总发病率达到67.6%，总病株率接近50%。4年以上以黄瓜、番茄等易感寄主为主要栽培模式的老棚的发病率接近95%，病株率为66%。张立丹（2009）试验表明，根结线虫的接种数量对植物地上部生长产生显著影响，如表3-1所示。在未接种菌根处理中，接种根结线虫后35天时，地上部干重随接种数量的增加而显著降低，与不接种根结线虫对照（CK）相比，接种量为2 000卵/盆、4 000卵/盆和8 000卵/盆的处理分别使地上部生物量降低了9.5%、11.9%和20.4%。对天津、北京市郊蔬菜生产调查发现根结线虫病是目前发生最普遍、面积最大、为害损失最严重，影响蔬菜产品安全最严重的疑难病害之一，约30%保护地遭受为害，损失一般在20%~40%，严重时高达50%以上（卢树昌等，2011a，2012b；Lu et al.，2011）。例如，对根结线虫比较敏感的黄瓜作物，受害后减产一般在15%左右，严重的可达75%以上，甚至绝收（李文超，2006）。另据2005年山东滨州的调查，黄瓜根结线虫病发生棚室死苗率一般在20%~50%，最严重的毁棚绝收（周霞等，2006）。根结线虫病害一旦发生，造成产量损失一般达30%~50%，严重的高达75%，甚至绝产（彭德良，1998）。据统计，全世界作物生产每年因根结线虫为害造成的损失约1 000亿美元（Oka et al.，2000）。我国每年由根结线虫引起各种蔬菜损失达3×10^9美元（段玉玺等，2002）。蔬菜线虫病害已经成为我国蔬菜生产上的一种毁灭性土传病害，严重制约着保护地蔬菜的发展和稳产，是目前生产上的一大障碍。

表 3-1　接种根结线虫对黄瓜地上部干重的影响

接种根结线虫 （卵/盆）	地上部干重（g）			地上部增长速率（%）	
	接种 10 天	接种 22 天	接种 35 天	接种 10~22 天	接种 22~35 天
0	5.61	14.23	15.33	1.54	0.08
2 000	5.25	13.29	14.01	1.53	0.05
4 000	5.25	13.67	13.47	1.60	−0.01
8 000	5.60	13.49	13.21	1.41	−0.02

第二节　设施土壤连作障碍防治措施

根据蔬菜根结线虫的发生特点和生活习性，应采用综合防治技术，以选用无虫土壤育苗或栽植无虫苗、土壤消毒、耕翻等多种农业措施为主，配合生长期药剂防治。

一、农业措施

（一）穴盘培育抗病壮苗技术

培育适龄壮苗是蔬菜生产的重中之重，壮苗抗逆性强、病害少、进入结果期早、产量高，故人们常说："有苗一半收，壮苗多收半。"壮苗根系发达，主根健壮，支侧根多，起苗时保留的根多；苗体大，物质积累多，糖、氮水平高而协调，发根能力强，移栽后新根发生早，发根快而多；叶片凋萎脱落少，活棵快，缺棵少，有利尽快恢复生长。基质育苗培育的作物苗不但壮，还可以形成"隔根保护"效应，抵挡了土传病原菌及线虫为害，有利于增强植物抗病性。

1.操作步骤

（1）准备好育苗基质、50 孔穴盘进行育苗、多功能抗土传病害高效生物有机肥和生物菌肥。

（2）按每 100kg 基质添加 1~2kg 生物有机肥，再添加适量的生物菌肥，混匀，掺水，并进行装盘。

（3）待种子催芽后进行点种，以 1cm 深为宜，然后加盖一层干基质，将基质喷湿，使其保持湿润状态。

（4）覆膜，进行温床育苗。

其他操作按照常规育苗方式进行。

2. 注意事项

（1）生物有机肥用量以 100kg 添加 1~2kg 为宜，不可多加。

（2）生物菌肥参照各个品种推荐添加量即可。

（3）苗期不要见干就浇，而且每次浇水从穴盘下部浇灌，以利于根系下扎，容易形成发达根系。

（4）出苗两周后可使用一些壮苗剂，或在育苗时添加到基质中。

（5）出苗后保持育苗床适当的温度和湿度，防止一些苗期病害，如猝倒病等。

（二）合理轮作、间作、填闲和套作非寄主植物

轮作选种蔬菜可与非寄主植物或抗性品种轮作，合理轮作可显著减轻病情，如现有重症田改种耐病的辣椒、葱韭蒜等，轮作年限多为 3~4 年，与禾本科作物轮作效果好，尤其是水旱轮作，可有效减少土壤中根结线虫量。此外国外采用填闲期间种植万寿菊，对根结线虫防效较好。例如，在天津地区，番茄与葱韭蒜植物的轮作、间作，可有效降低线虫和病原微生物的为害，是防治蔬菜连作障碍的有效途径。

通过采用非寄主植物和黄瓜、番茄间作，显著减少根结线虫数量，分别减少 35.82%、51.05%。抗性品种与易感品种搭桥时，使根结线虫数量下降 34.67%。茼蒿与黄瓜间作，使根结线虫减少 22.34%；蓖麻与黄瓜间作，根结线虫数量下降 7.97%（图 3-3、图 3-4），结果表明，茼蒿与黄瓜间作对根结线虫的趋向性及侵染的影响比蓖麻与黄瓜间作的作用明显。这与番茄间作的结论不同，说明非寄主植物对线虫趋向性的影响还与寄主植物有关。

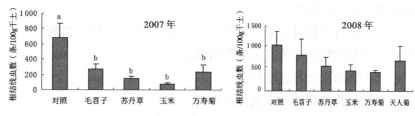

图3-3　不同填闲作物对根结线虫的田间防治效应

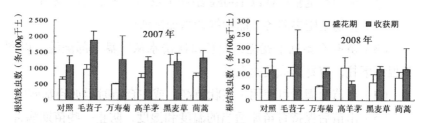

图3-4　套种不同非寄主植物处理土壤中根结线虫数

夏季休闲期在温室种植填闲作物甜玉米和苏丹草后，土壤中的根结线虫数量明显减少，土壤中的线虫总量、寄生性线虫数量均受到抑制。非寄主植物处理后对线虫群落也产生较大的影响，与对照相比，甜玉米处理根围线虫群落的多样性、丰富度、优势度增加。同时，研究还发现与对照相比，夏季填闲期使用甜玉米处理的小区MI值显著增加、PPI值显著减少。从本试验的结果来看，在温室夏季休闲期种植甜玉米可以明显控制土壤中的根结线虫的数目，并可以增加土壤中线虫的多样性、丰富度、均匀度，使土壤微生态系统保持相对稳定。

利用非寄主植物与黄瓜套作连续两年，研究土壤线虫群落结构和生物多样性的变化，试验结果表明，不同的非寄主植物对土壤线虫的影响与对照相比没有显著差异。与对照相比，万寿菊处理均抑制了土壤线虫总数和各营养类群的群体数量增长，尤其对植物寄生线虫抑制程度更为明显。万寿菊处理降低了土壤线虫的多样性、增加了线虫的优势度指数。

（三）利用捕捉植物

有多种速生蔬菜，如白菜、菠菜等，能被根结线虫侵染，但由于生长时间短，根结线虫对其危害性较小。利用这些速生蔬菜，在发病田地或温室大棚中，于5—10月种植，栽种1~1.5个月即收获，诱使土壤中大部分根结线虫二龄幼虫侵入被捕捉，减少下茬蔬菜种植时初侵染的虫量，而减轻其为害。

（四）田间管理

收获后彻底清除病根、残根和田间杂草，翻晒土壤，可减少土壤中越冬虫量，要求翻耕深度25cm以上，使土壤深层中的线虫翻到土表，且使表层土壤疏松，日晒后土壤含水量降低，不利于线虫存活；我国北方的温室、塑料大棚内夏季高温天气，如大棚栽培棚膜不拆，中午温度可高达55℃以上，利用太阳能提高地温，进行土壤消毒，或者每1 000m^{2}加麦秸或稻草1 500kg，然后翻耕铺平、灌水，再密闭大棚15~20天，对根结线虫及枯萎病等土传病害有较好的防治效果；重施腐熟的有机肥，增施磷、钾肥，提高植株抗病力，基肥中增施石灰，叶面追施过磷酸钙浸出液，也可明显控制和减轻病害；蔬菜收获后，条件允许时，可灌水淹地几个月，可使根结线虫失去侵染力。

（五）选抗性品种

选育高抗品种选用抗性品种是防治植物病虫害的一种经济有效的办法，而且对于寄主专化性较强的线虫，效果尤为明显。目前市场上已经出售对根结线虫有良好的抗性的番茄砧木。但是尚无抗根结线虫的黄瓜品种。

（六）液氨熏蒸

温室或大棚中，用液氨450~900kg/hm^2，在播种或移栽前翻土施入，密闭门窗7天后，打开门窗，并深耕翻耙土壤，将氨气放出，2~3天后再播种或定植。大田中也可以进行熏杀，方法和上面一样，但施药后应立即覆土，有条件可洒水封闭或覆盖塑料薄膜，熏闷7天后松土通气，然后播种，也可有效杀灭土中根结线虫。

（七）氰氨化钙（石灰氮）＋秸秆＋太阳能消毒

利用氰氨化钙和高温闷棚的方法进行土壤消毒是近年来进行无公害生产的一项重要措施：每 1 000m² 用秸秆 2 000kg、氰氨化钙 100kg 均匀地撒在土壤上面，深翻混匀，灌水达饱和后加盖薄膜，四周盖严，薄膜与土壤之间留有一定的空间，然后进行温室密闭，持续 1 个月左右。土壤消毒最好在夏季气温较高、雨水少、温室闲置时期进行。

1. 操作步骤

（1）撒施后翻耕。翻耕深度 20~30cm，见图 3-5。

图 3-5 翻 耕

（2）翻耕后起垄覆膜。为增加土壤的表面积，以利于快速提高地温，延长土壤高温所持续的时间，取得良好的消毒效果，可做高

图 3-6 起垄覆膜

30cm左右、宽60~70cm的畦（图3-6左）。同时为提高地表温度，可作垄后在地表覆盖塑料薄膜将土壤表面密封起来（图3-6右）。

（3）灌水闷棚。用塑料薄膜将地表密封后，进行膜下灌溉，将水灌至淹没土垄，而后密封大棚进行闷棚（图3-7）。一般晴天时，20~30cm的土层能较长时间保持在40~50℃，地表可达到70℃以上的温度。这样的状况持续15~20天，以防治根结线虫，增加土壤肥力。

图3-7　灌水闷棚

（4）揭膜整地。定植前1~2周揭开薄膜散气（图3-8左），然后整地（图3-8右）定植。

图3-8　揭膜整地

二、化学防治

杀线虫剂主要分为两大类，即熏蒸杀线虫剂和非熏蒸杀线虫剂，目前全世界杀线虫剂品种约有30种，常用的不超过10种，并且因为许多是高毒或剧毒和高残留的农药，在蔬菜上禁止应用，所以选择杀线虫剂时一定不要只图防效，还应特别注意使用后蔬菜对人们的安全性。使用杀线虫剂时，应对苗床、温室大棚和露地土壤进行处理。

1.使用熏蒸性杀线虫剂进行熏蒸杀虫

此类杀线虫剂目前可在蔬菜上应用的主要有氯化苦、溴甲烷、二溴化乙烯、二氯丙烯（1,3 –dichloropropene）、二溴氯丙烷、威百亩、棉隆和敌线酯（methyl isothiocyannate、MIT）等。具体使用方法为按各药剂的推荐使用量在栽种前15天，沟施覆土压实，15天后在原来的施药沟上栽种蔬菜苗或播种。一定注意栽种或播种前2~3天开沟放气，以免产生药害。

2.使用非熏蒸性杀线虫剂进行沟施、穴施或撒施于根部附近土壤中

此类杀线虫剂可在蔬菜生长期使用，但一定要注意安全使用间隔期。在蔬菜上可使用的主要有克线磷（fenamiphos）、灭线磷（ethoprophos）、克线丹（rugby）、米乐尔（isazophos）、噻唑磷（IKI –1145）及阿维菌素（爱福丁）等。目前生产上应用阿维菌素对杀灭根结线虫和短体线虫效果较好，并且对作物安全。每平方米用1.8%的阿维菌素乳油1mL稀释2 000~3 000倍后用喷雾器喷雾，然后混土。其他药剂使用应按各药剂的说明书严格进行。

对于蔬菜根结线虫病的药剂防治，宜选高效低毒、低残留的杀线剂，残毒大的不宜使用。使用药剂时一定要把握一个"早"字，等到表现出症状后再用已为时过晚。另外在施用药剂时，应注意安全，做好防护工作。

三、生物防治

生物防治是利用有益生物及其产物来抑制土壤中病原菌的数量或干扰病原菌对寄主植物侵染的一种环境友好型病害防治方法。研究发现，一些植物的提取物对土传病害的病原菌有较好的抑制作用，且对环境无污染，如合欢叶、青葙根、大蒜、米莎草的提取物能抑制菌核病原菌菌丝的生长和菌核的形成。植物提取物可以有效防治病害，但其研究仍处于初级阶段，且目标病害较少，缺乏大量田间试验验证，需要更多的资源进行研究试验和多点重复试验（何云龙等，2012）。此外，施用具有生防功能的微生物菌剂对植物土传病害进行防治已经在许多植物上取得成功。微生物生防菌剂的寄生作用表现为颉颃寄生物与目标病原菌进行特异性识别，并诱导产生细胞壁裂解酶降解病原菌的细胞壁使寄生物能进入病原菌的菌丝内以发挥抑菌和灭杀作用。生防微生物通过与病原菌争夺营养物质和生态位以调节微生物的种群动态从而达到生物防治的目的（李兴龙等，2015）。研究表明发生在叶片表面的营养竞争有利于降低病原菌孢子的萌发和侵染能力。在贫瘠土壤中生防微生物与病原菌对碳源的竞争较为普遍，生防微生物对土壤中病原菌孢子的萌发有较强的抑制作用（徐美娜等，2005）。

在根结线虫防治中，化学杀线虫剂能短期扼制线虫病害，但不会有效抑制二龄幼虫的生长，利用化学防治和物理防治方法虽然安全有效，但是也存在局限性大和成本高的缺点。而生物防治可以维持生防因子与线虫之间的平衡，较长期地降低虫口密度，达到控制病害的目的。同时，环境友好性以及符合可持续农业发展的理念使得线虫的生物防治显得尤为重要。生物防治方法主要包括杀线虫植物、抗性防治和土壤微生物等，其中土壤微生物因其资源丰富、易分离的特点受到广泛关注。土壤的许多微生物能够直接寄生或捕食线虫，如病毒、细菌、真菌、捕食线虫等。防治根结线虫的细菌一般都是根际细菌，此类细菌一方面可以促进植物的生长，另一方面可抑制土壤有害生物的生长发育。穿刺巴氏杆菌是一类专性寄生细菌，只会寄生、侵染活的根结线虫，在土壤中一旦定殖下来，根结线虫病的发生率极低。荧光假单胞细菌可以形成多种代谢产物，可以有效控制根结线虫。此外，还有球形芽孢杆菌（*Bacillus sphaericus*）、枯草芽孢杆菌（*Bacillus subtilis*）和放射形土壤杆菌（*Agrobacterium radiobacter*）等均属对植物寄生线虫有防效的根际细菌，可以根据其是否寄生划分为寄生性和非寄生性两类。例如，巴氏杆菌主要是通过严格专性寄生的机制破坏土壤线虫；而另一些细菌，如植物根际细菌则通过其他方式来降低线虫种群密度。链霉菌是一种能够产生抗生素和其他生物活性物质代谢产物的革兰阳性菌，阿维菌素是这类菌的一种代谢产物，目前已经成为一种重要的医药商品，对人和动物寄生物具有广谱抗性，不同剂型的阿维菌素类产品在防治根结线虫病害上应用广泛（刘丹等，2013）。除了细菌外，国内外报道过较多的食线虫真菌，如厚壁孢子轮枝菌（*Verticillium chlamydosporium*）、尖孢镰刀菌（*Fusarium oxysporum*）、厚垣孢普可尼亚菌（*Pochonia chlamydosporia*）等。按照其作用方式不同，可以分为捕食性真菌、寄生性真菌和其他真菌。捕食性真菌通过黏网、黏球、三维菌网、非收缩环和收缩环等捕食器来捕食线虫，但是这类捕食线虫真菌几乎没有寄主专化性，只是依赖线虫为食物来源，并且具有腐生能力。这类真菌控制线虫的机制已经被研究清楚，结果表明这类真菌对线虫没有选择性，控制线虫速度较慢，需要较长时间。根结线虫的寄生性真菌分为内寄生真菌和卵寄生真菌两种。淡紫拟青霉是一类重要的内寄生真菌，主要机理是能够寄生线虫的虫卵，使其不能孵化，降低孵化率，减少根结线虫的幼虫数量，同时产生促进生长的物质，保护植物。内寄生真菌在生物防治中重要的属种包括轮枝霉属（*Verticillium*）、拟青霉属（*Paecilomyces*）、被毛霉属（*Hirsutella*）。由于根结线虫的幼虫在土壤中活动时间极短，使捕食性真菌和内寄生真菌与根结线虫接触机会不多，并且这些真菌的专化性不强，因此慢慢被卵寄生真菌的研究所替代。目前研究最多的寄生性真菌是拟青霉属（*Paecilomyces*）的一些种，主要用来防治南方根结线虫。此外，在连作障碍的土壤中增施微生物肥料，能够缓解因连作引起的土壤微生物群落失衡，提高有益微生物组成，同时增强土壤酶活性和植物对病原菌的抗性，进而提高设施蔬菜的产量和品质，这是改善因连作导致的土壤根际微环境失衡的重要措施。

四、综合防治措施

根据菜田根结线虫发病的特点，在综合防治过程需要做到的几个关键环节见图 3-9。

①每年夏季采用高温闷棚技术处理病害土壤

7月初，每亩施入石灰氮 60kg 和秸秆 600kg，起垄、覆膜、灌足水，大棚覆膜，闷棚消毒 30 天

②定植时及定植后进行综合调控剂灌根

定植时和定植后 30 天，每亩分别灌施综合调控剂 600mL 原液，稀释 2 000 倍，施灌每株 500mL，后期酌情再灌施 1 次；综合调控剂按照植物源趋避制剂、促根剂、杀线制剂和硅制剂不同配方调控

③采用轮作倒茬技术

生长中套作、混作或连作特定作物，改善土壤根际微生物环境

④农事操作中尽量减少相互传染

图 3-9　设施菜田根结线虫综合控制关键环节

设施蔬菜土壤调理与根结线虫防控技术模式如图 3-10 所示。

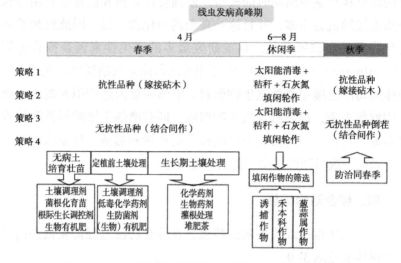

图 3-10　果类蔬菜土壤调理与根结线虫防控技术模式

2009 年 2 月—2010 年 1 月，在北京市大兴区魏善庄镇张家场村农业生产标准化基地的设施蔬菜温室中进行示范试验，通过选用功能性微生物和专性植物材料浸提液等材料，在蔬菜主要生育期间施用，采用外源物质进行根层隔离调控等退化土壤综合修复技术，并与少量化学农药配合施用，比较其综合防控设施菜田根结线虫的效果，以达到改善老菜田退化土壤质量的目的。

共选用两个大棚进行综合技术试验，具体试验茬口安排及供试品种见表 3-2，其中苦瓜在 4 月套种在番茄种植行一侧。

表 3-2　2009—2010 年退化土壤综合修复试验茬口安排及品种

编号	冬春茬（2009 年 2—5 月）	夏秋茬（2009 年 4—8 月）	秋冬茬（2009 年 9 月—2010 年 1 月）
棚 1	黄瓜（品种：津优 35 号）	苦瓜（品种：美引绿箭三号）	番茄（品种：中研 988）
棚 2	番茄（品种：蒙特卡罗）	苦瓜（品种：美引绿箭三号）	——

示范选用的 AM 真菌为根内球囊霉（*Glomus intraradices*），来自北京市农林科学院（BGC BJ09，国家自然科技资源平台资源号：1511C0001BGCAM0042）；生物有机肥肥为抗土传病高效生物肥（商品名：Bio 爸爱我），灌根剂选用植物源驱线剂（商品名：无线美）和海藻提取剂（商品名：海绿素），生物有机肥和灌根剂均获得登记证号；套种植物选用的是万寿菊和茼蒿。

在研究的基础上，提出了综合根际微生态环境调控剂，并进行田间应用，具体方法如下。

（1）育苗：采用生物肥育苗壮苗技术，即育苗时添加 2% 的生物肥到育苗基质中。其中冬春茬棚 1 内添加约 10g/ 株的 AM 真菌。

（2）定植：采用烟草残渣＋生物肥根层隔离保护技术，即定植时穴施烟草残渣。棚 1 使用未发酵型，三茬作物用量分别为每株 10g、25g 和 15g；棚 2 冬春茬使用发酵型，施用量为每株 20g；夏秋茬使用未发酵型，施用量为每株 25g，穴施时将烟草残渣与土壤混匀。

（3）苗期：采用无线美＋海绿素＋阿维菌素灌根技术，促根及驱避土壤线虫。定植后一周用无线美＋海绿素灌根，各 3L/hm²，浇水时随水冲施；40~50 天后第 2 次灌根，配合 1.8% 阿维菌素（3L/hm²）施用。

（4）中期：采用茼蒿 / 万寿菊套种技术，使其根系分泌物抑制根结线虫侵染根系。棚 2 番茄定植两周后在根际周围套种茼蒿；棚 1 苦瓜定植后立即套种茼蒿；棚 1 苦瓜定植时同时移栽育好的万寿菊到苦瓜根系周围。

从表 3–3 中可以看出，不同的时期土壤内线虫密度不同，以拉秧期土壤中线虫密度最低，盛果期线虫的密度最高，而在各时期综合处理均能极大地降低 0~30cm 土壤的线虫的密度，但是在不同的生育期内防治效果不同。在棚 1 内，5 个采样时期分别比对照减少 57.2%、65.8%、75.3%、52.2% 和 53.4%，且在苦瓜盛瓜期（Ⅱ）和拉秧前（Ⅲ）、番茄盛果期（Ⅳ）产生了显著性差异，棚 2 的 3 个采样时期则分别减少 68.9%、34.8% 和 65.6%，且在番茄和苦瓜拉秧前（Ⅰ和Ⅲ）有显著性差异。

表 3-3　两个处理不同时期作物根系周围土壤中线虫密度的动态变化

单位：条/100g 干土

编号	处理	土壤线虫密度				
		黄瓜拉秧前 Ⅰ	苦瓜盛瓜期 Ⅱ	苦瓜拉秧前 Ⅲ	番茄盛果期 Ⅳ	番茄拉秧前 Ⅴ
棚1	对照	1 109*	305**	45**	2 215**	1 150*
	综合	474	104	11	1 059	535
棚2	对照	272*	675*	160*	—	—
	综合	84	440	55	—	—

注：表中同一棚内同列数据后 * 表示差异显著（$P < 0.05$），** 表示差异极显著（$P < 0.01$），下同。

由图 3-11 可以看出，不管是在棚 1 还是棚 2 上，综合处理均降低了植物根结指数，但对不同作物降低幅度有所差异（黄成东等，2010）。棚 1 黄瓜、苦瓜和番茄上，综合处理根结指数分别比对照减少 50.0%、25.1% 和 63.6% 苦瓜产生了极显著差异；棚 2 在番茄和苦瓜上分别减少 39.3% 和 58.0%，且在苦瓜茬上有着显著性差异。

对不同的蔬菜的产量分析发现，与对照相比，综合处理的黄瓜、

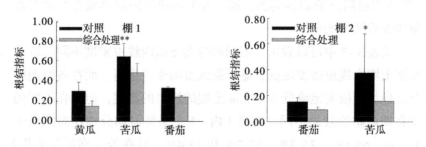

图 3-11　不同的综合处理对根结指数的影响

番茄和苦瓜的产量虽然差异不显著，但产量都有所提高，分别提高了 16.1%，4.6% 和 12.1%（图 3-12）。

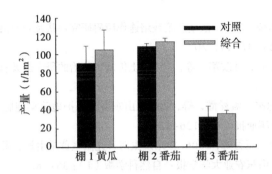

图 3-12　不同综合处理对不同作物产量的影响

　　通过测定土壤线虫密度、根系根结指数和产量调查这 3 个主要指标，发现综合修复技术在黄瓜、苦瓜和番茄这 3 种作物上，都有着良好的效果，能够有效降低根际土壤线虫数量，从而减少线虫对根系的侵染，使根结指数下降，进而对产量形成产生有利的影响。育苗技术能够提高植物的生长能力，有利于形成壮苗，增强抗病性。穴施烟渣和生物肥形成了一个根系与土壤的隔离层，保护根系，有效地减缓了土壤线虫的直接侵染。灌根技术则是在生长的苗期、中期一方面通过促根作用，利于根系的生长，从而增强根系对养分的吸收和利用，增强植物抗病能力；另一方面，利用驱线虫剂，在植物全生育期抑制或驱避线虫对根系侵害。套种技术利用活体植物分泌物，抑制和驱避线虫对根系的侵染。因此，在整个生育过程中，综合处理的作物根系受线虫侵染明显减少，产量有所提高。这一整套退化土壤综合修复技术对生态环境、蔬菜品质都是安全的、无公害的，适于大面积推广应用。

主要参考文献

陈晓红，邹志荣，2002. 温室蔬菜栽培连作障碍研究现状及防治措施 [J]. 陕西农业科学（12）：16-17，20.

何云龙，谢桂先，孙改革，等，2012. 土传病害防治的研究进展 [J]. 湖南农业科学（6）：27-29.

李俊良，崔德杰，孟祥霞，等，2002. 山东寿光保护地蔬菜施肥现状及问题的研究 [J]. 土壤通报（2）：126-128.

李文超，董会，王秀峰，2006. 根结线虫对日光温室黄瓜生长、果实品质及产量的影响 [J]. 山东农业大学学报：自然科学版（1）：35-38.

卢树昌，2009. 我国集约化果园养分投入特征及其对土壤质量的影响 [D]. 北京：中国农业大学.

松本满夫，1978. 不同地区连作水稻根面丝状真菌的研究 [J]. 日本土壤肥料学杂志，49：442-447.

王汉荣，王连平，茹水江，等，2008. 浙江省设施蔬菜连作障碍成因初探 [J]. 浙江农业科学（1）：82-84.

喻敏，余均沃，曹培根，等，2004. 百合连作土壤养分及物理性状分析 [J]. 土壤通报，35（3）：377-379.

张立丹，2009. 丛枝菌根真菌对黄瓜根结线虫抗性作用及机制 [D]. 北京：中国农业大学.

赵小翠，2011. 施肥与轮作对设施番茄土壤微生物群落结构的影响 [D]. 北京：中国农业大学.

段春梅，2010. 黄瓜连作障碍微生物修复研究 [D]. 杨凌：西北农林科技大学.

段玉玺，吴刚，2002. 植物线虫病害防治 [M]. 北京：中国农业科技出版社.

韩丽梅，王树起，鞠会艳，等，2000. 大豆根分泌物的鉴定及其化感作用的初步研究 [J]. 大豆科学，19（2）：119-125.

黄成东，任涛，董林林，等，2010. 设施菜田土壤根结线虫综合防治技术的应用效果 [J]. 中国蔬菜（21）：23-25.

李兴龙，李彦忠，2015. 土传病害生物防治研究进展 [J]. 草业学报，24（3）：204-212.

梁银丽，陈志杰，2004. 设施蔬菜土壤连作障碍原因和预防措施 [J]. 北方园艺
　　（7）：4-5.

林文雄，熊君，周军建，等，2007. 化感植物根际生物学特性研究现状与展望.
　　中国生态农业学报，15（4）：1-8.

刘丹，颜冬冬，毛连纲，等，2013. 阿维菌素防治植物线虫的研究进展 [J]. 湖南
　　农业大学学报：自然科学版，39（S1）：83-87.

卢树昌，刘慧芹，王小波，等，2011a. 防线虫制剂对感染根结线虫番茄叶片生
　　理性状的影响 [J]. 安徽农业科学，39（24）：14 652-14 654.

卢树昌，刘慧芹，王小波，等，2012a. 几种药剂对土壤根结线虫的防治及对番
　　茄根系生理性状的影响 [J]. 湖北农业科学，51（1）：70-73.

卢树昌，刘慧芹，王小波，等，2012b. 不同药剂对感染根结线虫黄瓜生理性状
　　的影响 [J]. 北方园艺（1）：132-134.

卢树昌，王小波，刘慧芹，等，2011b. 设施菜地休闲期施用石灰氮防控根结线
　　虫对土壤 pH 及微生物量的影响 [J]. 中国农学通报，27（22）：258-262

彭德良，1998. 蔬菜病虫害综合治理——蔬菜线虫病害的发生和防治 [J]. 中国
　　蔬菜，4：57-58.

齐会岩，2009. 西瓜连作障碍的土壤微生物学过程及其克服机理 [D]. 上海：上
　　海交通大学.

阮维斌，王敬国，张福锁，等，1999. 根际微生态系统理论在连作障碍中的应
　　用 [J]. 中国农业科技导报，1（4）：53-58.

沈岛，1983. 防止连作障碍的措施 [J]. 日本土壤肥料杂志（2）：170-178.

孙艳艳，刘建国，富成璞，等，2010. 连作条件下加工番茄根区微生物区系动
　　态变化 [J]. 新疆农业科学，47（8）：1 596-1 599.

王广印，郭卫丽，陈碧华，等，2016. 河南省设施蔬菜连作障碍现状调查与分
　　析 [J]. 中国农学通报，32（25）：27-33.

王敬国，2011. 设施菜田退化土壤修复与资源高效利用 [M]. 北京：中国农业大
　　学出版社.

吴凤芝，王伟，1999. 大棚番茄土壤微生物区系研究 [J]. 北方园艺（3）：1-2.

吴凤芝，赵凤艳，刘元英，2000. 设施蔬菜连作障碍原因综合分析与防治措施
　　[J]. 东北农业大学学报，31（3）：241-247.

徐美娜，王光华，靳学慧，2015. 土传病害生物防治研究进展 [J]. 吉林农业科
　　学，30（2）：39-42.

徐瑞富，任永信，2003. 连作花生田土壤微生物群落动态与减产因素分析 [J]. 农

业系统科学与综合研究，19（1）：33–34，38.

叶素芬，2004. 黄瓜根系自毒物质对其根系病害的助长作用及其缓解机制研究
[D]. 杭州：浙江大学.

周霞，刘俊展，王小梦，等，2006. 大棚黄瓜根结线虫病的发生特点与综合防
治技术 [J]. 农业科技通讯，11：43–44.

周志红，骆世明，牟子平，1997. 番茄的化感作用研究. 应用生态学报，8（4）：
445–449.

ALVEY S, YANG C H, BUERKERT A, et al., 2003. Cereal/legume rotation effects
on rhizosphere bacterial community structure in west African soils[J]. Biology and
Fertility of Soils, 37 : 73–82.

BAGAYOKO M, BUERKERT A, LUNG G, et al., 2000. Cereal/legume rotation
effects on cereal growth in Sudano-Shahelian West Africa : soil mineral nitrogen,
mycorrhizae and nematodes[J]. Plant and Soil, 218 : 103–116.

JING Q, LEE K S, MATSUI Y, 1993. Effect of the addition of activated charcoal to
the nutrient solution on the growth of tomato in hydroponic culture[J]. Soil Science
and Plant Nutrition, 39(1) : 13–22.

LU S, LIU H, WANG X, et al., 2011. Effect of different pesticide on controlling
soil root-knot nematode and tomato leaves physiological characters. Plant Diseases
and Pests, 2(3) : 65–68.

OKA Y, KOLTAI H, BAR-EYAL M, et al., 2000. New strategies for the control of
plant-parasitic nematodes[J]. Pest Management Science, 56(11) : 983–988.

RICE E L, 1984. Allelopathy[M]. 2nd ed. Orlando : Academic press, inc.

TAKIJIMA Y, HAYASHI T, 1959. Studies on soil sickness in crop. 2. Substances
exuded from root and growth-inhibiting activity of a nutrient solution for crop
cultivation[J]. Agriculture and Horticulture, 34 : 1 417–1 418.

（执笔人：卢树昌、王大凤、李夏雯、王　威、汤　凯、赵娜娜、李乃荟）

第四章　设施高磷污染土壤改良

设施菜田土壤磷素过度累积引发的问题在设施菜田生产体系越来越突出。近些年，针对设施菜田土壤磷素投入、累积特征及其面源污染改良等研究日益得到重视。本章从设施土壤磷素投入、累积、移动特征以及改良等方面进行系统阐述，旨在为设施菜田磷素污染土壤控制提供科学参考。

第一节　设施土壤磷素投入、累积与移动特征

一、设施土壤磷素投入与累积特征

由于我国集约化蔬菜产业和养殖业的相同的发展历程和空间上的匹配性，以及高产菜田对粪肥的需求，导致了大量粪肥进入蔬菜生产体系中。与其他农田体系相比，设施蔬菜生产体系粪肥和磷肥投入普遍偏高，来自有机肥投入的磷素占总磷投入的54.3%~55.1%。磷素投入量远超过作物带走的量，导致大量磷素盈余并发生土壤累积，磷肥当季利用率仅为10%~25%。近年随着农业集约化的发展，一方面，设施作物具有更高的经济价值，故其具有更大的耕作强度和养分投入；另一方面设施栽培方式人为控制强，不受降雨影响，大大减少了径流造成的磷损失，土壤磷盈余表现得尤为明显，每年的盈余量高达527~747kg P/hm^{2}如表4-1所示（Yan et al., 2013）。

表 4-1 不同蔬菜体系中磷素投入、作物带走及盈余状况

体系	蔬菜类型	磷素投入			有机肥投入比例（%）	作物带走量（kg P/hm²）	磷素盈余（kg P/hm²）
		有机肥（kg P/hm²）	化肥（kg P/hm²）	总量（kg P/hm²）			
设施	果类	416（22~2012）	220（25~623）	636	65.4	48	588
	瓜类	298（22~1089）	257（16~703）	554	53.7	52	502
	叶类	47（0~141）	171（65~407）	219	21.6	33	186
	平均	310（0~2012）	261（16~703）	571	54.3	44	527
露地	果类	37（0~89）	77（16~150）	113	32.2	31	83
	叶类	60（10~194）	72（0~212）	132	45.3	20	112
	根类	40（0~87）	43（0~89）	83	48.0	25	58
	葱姜类	40（12~83）	110（38~188）	151	26.9	24	127
	平均	52（0~248）	66（0~263）	117	44.0	25	92

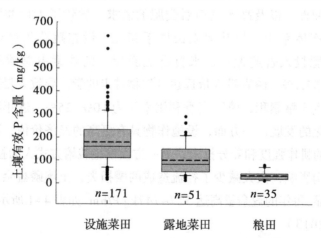

图 4-1 不同种植体系 0~20 cm 土层土壤有效磷含量

相比于粮田土壤，菜田土壤的磷素累积更加明显（图4-1）。严正娟（2015）基于28篇已发表的调查结果得出，在集约化设施种植条件下，设施菜田平均每季磷素投入为571kg P/hm^2，而每季作物的磷带走量仅为44kg P/hm^2，磷素盈余量达527kg P/hm^2，约为作物带走量的12倍。同时通过对我国主要蔬菜产区调查显示，设施菜田0~20cm土层土壤的有效磷含量为179mg P/kg，远高于露地蔬菜（100mg/kg）和粮田土壤（34mg P/kg），其中92%的设施菜田土壤有效磷含量超过了农学阈值（60mg P/kg），87%设施菜田土壤有效磷含量超过了环境阈值（80mg P/kg）。李粉茹等（2009）在安徽省怀远县对设施菜田土壤做出研究，设施菜田磷素累积远高于粮田土壤，且磷素累积主要为无机磷。李超（2014）在山东省寿光市的调研结果也表明，种植年限在10年以上的设施菜田0~20cm土层土壤全磷含量为4.9g/kg，远大于该地区粮田土层土壤中全磷含量。

粪肥的大量施用是设施蔬菜种植体系典型特征之一。其中以设施果类蔬菜磷素投入量和粪肥投入比例最高，其粪肥投入比例超过了磷素投入总量的65%。由粪肥带入的磷素养分，已经远远超过了作物对磷素的需求量（表4-1）。而在实际生产中，粪肥多被作为土壤改良剂施用，而其中磷素的供应以及土壤累积方面的作用则被忽略。相比与作物吸收的P:N比例，粪肥中P:N的比值更高，因此长期基于氮素养分的粪肥施用策略导致了土壤中磷素的累积，带来了相应的面源污染问题（Sharpley et al., 1993）。在我国蔬菜生产中目前尚缺乏合理的粪肥推荐策略，粪肥施用非常盲目，导致的磷素在土壤中的累积问题更加突出。设施蔬菜体系中，传统漫灌条件下，每年1kg P/hm^{2}的盈余所导致的耕层土壤的速效磷增长为0.034mg P/kg，而粮田的对应的值为0.031mg P/kg（曹宁等，2007），这就会导致常年施用粪肥加速设施菜田土壤磷素累积。在对土壤磷素的研究中，通常将土壤速效磷和磷素饱和度作为表征磷素损失的有效指标，在施用粪肥情况下，每年1kg P/hm^{2}的盈余所导致的耕层土壤的速效磷和磷素饱和度的增加速率分别为不施粪肥情况下的3.3倍和1.2倍，粪肥施用对于菜田土壤中磷素的累积具有很大贡献，同时与化肥相比，由于粪肥施用促进了有效磷和磷素饱和度，具有更大的环境风险，合理的施用粪肥是控制菜田磷素面源污染的关键点。此外，土壤磷素的盈余与累积还与种植年限和肥料种类有关。

土壤全磷的累积量与菜田种植年限紧密相关，总体随着种植年限的增长，磷素累积量增大，不同的年限时段表现出不同的累积速率。高新昊等（2015）在对山东省寿光市53个不同种植年限（1~25年）的设施大棚耕层土壤开展研究发现，随着大棚种植年限的增长，土壤全磷含量均呈持续增加的趋势。而在山东寿光的较短种植年限设施调研表明，设施随种植年限的增长，全磷增长趋势表现为先快后平稳，这可能与土壤对磷素的吸附结合能力有限，磷素向下淋洗有关。基于陕西省杨凌区日光温室的研究发现，种植年限越长，土壤速效磷累积越明显，且逐渐向深层土壤移动（Bai et al., 2020）。井永苹等（2016）在山东省寿光市调查的52个不同种植年限（1~25年）的设施蔬菜大棚的耕层土壤调查结果显示，土壤有效磷含量随种植年限一直呈现上升趋势，在1~10年间上升幅度最大，11~20年之间趋于平缓，20年之后又呈快速上升趋势。张经纬等（2012）研究了设施菜田土壤剖面磷素累积特征，也同样得出土壤浅层有效磷随种植年限先提升后稳定，而深层土壤有效磷随种植年限明显升高的结果。

磷素的累积现状与肥料种类紧密相关。粪肥自身含有的大量速效无机磷和有机磷，大量施用粪肥后会直接提升土壤磷素水平，但由于有机磷的快速矿化，其积累可能不明显。此外，粪肥中有机酸等物质还通过改变土壤理化性质、磷素形态等方式影响这土壤磷，增加土壤不稳定态磷素的比例。另外，秸秆的施用可以在一定程度上促进无机磷向有机磷的转化甚至有机磷在土壤剖面上的移动。堆肥产品的施用越来越广泛，有研究指出，堆肥产品具有稳定的磷素供给能力，淋溶风险损失较小（Nest et al., 2014）。但堆肥产品由于原料引起的品质变化较为明显，进而导致的磷素供给能力和品质发生了显著的变化，不当的堆肥原料的选择造成的磷素的损失风险显著提升。

二、设施土壤磷素形态与转化特征

（一）设施土壤磷素形态

土壤中无机磷形态主要包括水溶态、吸附态（物理性黏粒、铁/铝氧化物、黏土矿物、碳酸盐矿物等吸附）和矿物态（磷灰石等原生矿物，铁、铝、钙等次生矿物磷）3 种。土壤无机磷的形态受土壤 pH 影响较大，在石灰性土壤中以含钙矿物结合态为主，而在酸性土壤中以铁/铝氧化物及氢氧化物结合态为主（王永壮等，2013）。含钙矿物包括氟磷灰石 $[Ca_{10}(PO_4)_6F_2]$、羟基磷灰石 $[Ca_{10}(PO_4)_5OH_2]$ 和碳酸磷灰石 3 种类型的混合物或其中间产物。除磷灰石外，土壤中还有磷酸一钙、磷酸二钙、磷酸三钙、磷酸八钙和磷酸十钙等多种磷酸盐的化合物，以及一系列的水化和含羟基的磷酸钙。粉红磷铁矿 $[Fe(OH)_2H_2PO_4$ 或 $FePO_4 \cdot 2H_2O]$ 和磷铝石 $[Al(OH)_2H_2PO_4]$ 是主要的铁铝矿物，此外在还原作用下还可形成绿铁矿 $[Fe_2(OH)_3PO_4]$ 和蓝铁矿 $[Fe_3(PO_4)_2 \cdot 8H_2O]$。土壤中吸附态磷主要以 $H_2PO_4^-$ 和 HPO_4^{2-} 为主，PO_4^{3-} 形态很少。水溶态磷是可供植物直接吸收利用的磷，源于矿物态磷的溶解和吸附态磷的释放，一般在土壤中的含量很低。土壤有机磷包括非生物有机磷（活性和稳定性有机磷）和生物有机磷（微生物磷）（Condron et al., 2005）。我国大部分土壤中有机磷占全磷含量的 20%~50%（鲁如坤，1998；赵少华等，2004）。土壤有机磷根据其结构差异，可分为正磷酸酯（C—O—P）、膦酸盐（C—P）和磷酸酐。正磷酸酯包括正磷酸单酯和正磷酸盐双酯，大多数土壤中有机磷以正磷酸单酯为主，尤其是肌醇磷酸，包括肌醇一磷酸到肌醇六磷酸，其中肌醇六磷酸占较大比例，是最稳定的有机磷形态，存在多种异构体，以肌-肌醇六磷酸（植酸）最为常见，通常是土壤有机磷的主体成分，占土壤有机磷的40%~80%。

（二）设施土壤磷素的转化特征

土壤中的磷或施入的磷肥随土壤酸度和氧化还原条件的变化而发生转化，无机态磷（主要是易溶态磷）可以转化为有机态磷；有机态磷经微生物的分解作用转化成无机态或难溶态（图4-2）。土壤对无机磷的固定能力很强，且不同土壤类型对磷的固定形式存在很大的差异。在酸性土壤中磷主要是以吸附和羟基交换的形式被固定，而在钙质土壤中则以沉淀作用为主。酸性土壤中含有大量的铁铝氧化物，这些矿物具有较大的比表面，而且表面有大量的正电荷，可以以电荷吸附的形式固定带负电荷的磷酸根离子，这部分磷是可以被植物利用的。随着反应不断进行，这些矿物表面含有大量的羟基基团，与磷酸根离子的羟基基团发生羟基交换反应，生成单键的络合物，这部分磷也是有效态的。但是随着反应的继续，在针铁矿表面羟基继续质子化，形成双键的络合物，并且铁矿内部羟基质子化，吸引磷酸根从矿物表面向内部转移，形成内部的双键络合物，磷向无效态转化。随着酸性土壤的不断风化，矿物表面不断累积铁铝氧化物，最终形成非常难以利用的闭蓄态磷。因为物质会趋向更稳定的形态，所以在前期，磷主要是以更稳定的形式被固定，难以被植物利用。但是土壤中由于矿物组成相对稳定，矿物内部及表面所能提供的吸附位点是一定的，随着更多的磷被施入土壤，强固定位点减少，磷趋向与弱固定位点或者与无定形的铁铝反应，形成无定形的铁铝，这些磷的移动性较大，易于被作物利用。钙质土壤含有大量的碳酸钙和游离性钙离子，由于土壤溶液中磷浓度较低，磷先是以吸附的形式被碳酸钙和羟基磷灰石固定，然后磷酸根与碳酸根进行交换，形成二钙磷，随着反应不断进行，二钙磷逐渐向三钙磷和八钙磷转化，最终生成十钙磷，但是这个过程比较缓慢。当土壤中磷浓度较高时，磷会直接与钙离子或碳酸钙生成二钙磷和八钙磷，以二钙磷为主。土壤的 pH 以及离子强度都会影响磷的固定，在酸性土壤中随着 pH 的提高，针铁矿等矿物表面的正电荷降低，针铁矿内部质子化程度降低，磷酸根离子携带羟基降低，促进表面单核络合物的形成，磷逐渐被活化；而在钙质土壤中，随着 pH 的降低，二钙磷溶解，反应利于反应逆向进行，促进八钙磷向二钙磷转化，活化土壤中的磷素。土壤中磷的固定反应都是可逆反应。

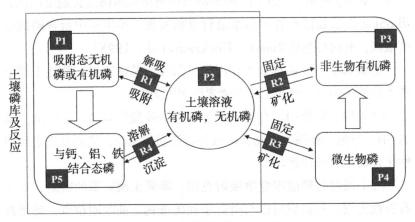

图 4-2　土壤磷素形态转化过程

注：P 表示不同磷库；R 表示不同磷素转化过程。

（资料来源：Kruse et al., 2015；有修改）

三、设施高磷土壤磷素的移动特征及流失风险

土壤磷形态转化过程是涉及土壤物理、化学和生物因素过程的综合效应。土壤 pH、氧化还原电位、金属阳离子含量、矿物和无定形金属氧化物表面积及其特征、土壤质地和土壤水分等（Pierzynski et al., 2005），均会不同程度影响土壤磷素形态转化进而影响其迁移过程。

在农田土壤中磷素损失包括地表流失（地表径流和土壤侵蚀）和淋失（大孔隙流和基质流）两个途径，一般淋洗的损失仅占总损失的10%，但在一些吸附能力低或高饱和度土壤中，磷的淋洗损失比例将提高，甚至成为主要的损失途径。设施土壤由于径流损失几乎不存在，更多的可溶性磷随淋洗水流失，更多的磷素在土层中累积并逐渐发生移动。大量资料证明，高有机质含量、粗质地、频繁耕作、高有效磷水平和高灌溉量都是引起土壤磷素大量淋失的主要原因（Wang et al.，2012）。经典的英国洛桑试验站的长期定位试验田65cm土层处排水管中的水进行分析发现，排出水中所含磷的浓度很高，有时可达近2mg/L（Heckrath et al.，1995）。

土壤磷素可能通过如下作用发生解吸，总体来说，酸性土壤上磷素以解吸为主，碱性土壤上磷素以溶解为主。

（1）酸溶解作用。有机质中含有羧基等酸性基团，能降低土壤的pH，导致一些碱性矿物如碳酸钙等物质的减少，进而促进了难溶性化合物中磷的释放。

（2）通过与磷酸根竞争吸附点位，降低土壤对磷的吸附，对于石灰性土壤，有机质可以与磷竞争在碳酸钙上的吸附位点，使得外源有机物的添加后能降低土壤对磷的吸附。对于酸性红壤，有机质则可以通过与磷竞争吸附位点降低针铁矿、非晶氧化铝和高岭石等吸附剂对磷的吸附。

（3）络合作用。有机质中电离出的有机阴离子可以作为配位体与金属离子发生络合反应，使含磷化合物溶解，进而活化土壤中的磷。有研究发现，柠檬酸盐、酒石酸盐和醋酸盐等小分子有机质的阴离子可以与钙、镁、铁、铝等金属离子发生络合反应，使含磷化合物的溶解，进而促进了磷的活性（陆文龙等，1999）。

（4）消除吸附点位，改变吸附剂表面电荷。一些大分子有机物，如腐植酸、木质素等有机物由于其大的分子结构，舒展后的空间结构可以包裹土壤颗粒以及铁铝氧化物等吸附物质，从而达到掩蔽磷素的吸附位点的作用。腐植酸等有机物在铁铝氧化物以及土壤黏粒表面的吸附能够降低甚至改变吸附剂的表面电荷,降低吸附剂对土壤磷的吸附作用(Wang et al.,2016)。

由于土壤对磷酸根的固定机制和土壤巨大的磷酸根固定容量,传统观点认为磷酸盐进入土壤后很快就被土壤吸附作用固持而成为结合态磷,因此磷素极易储存在土壤中,而不易从农田中损失。但随着农田中磷肥的过量输入和累积,越来越多的研究表明,土壤磷素的移动性和淋失风险逐渐明显,特别是在高投入的设施菜田土壤中。土壤有机质含量、土壤类型及质地、土壤含水率、耕作和灌溉量差异均会通过与磷素竞争吸附位点、与磷素形成有机质 – 金属 – 磷的胶体复合物、改变土壤磷素吸附 – 解吸平衡等增加土壤中活性磷的含量,从而提升土壤磷素的淋失风险。长期的磷肥投入和磷酸盐累积显著提升土壤磷素吸附饱和度、显著地降低土壤再吸附和固持磷素的能力,导致大量磷素未能被土壤有效固定,土壤活性磷含量上升,这是导致磷素易随雨水和灌溉水流失、提升水体污染的风险的主要原因(Pautler et al.,2000;Yan et al.,2018)。因此,磷素在土壤剖面的移动与磷酸盐的存在形态有显著的联系(Hansen et al.,2004)。水溶性磷酸盐(0.45μm 粒径以下的水溶性钼蓝反应磷)由于其本身的可溶性特征,可以随下渗水迁移,是土壤剖面磷素易于流失的形态。土壤中水溶性磷素的含量取决于土壤中活性磷水平,因此在低磷土壤中水溶性磷素流失量占总流失量量的比例较小(Wither et al.,2017)。另外,胶体形态磷(1~100 nm 粒径范围的磷酸盐形态)在土壤剖面的迁移不容忽视。胶体磷具有粒径较小、不易沉积和迁移速度快等特征,尽管土壤中胶体磷的测定含量很低,但它是土壤剖面中移动性更强的磷素赋存形态。

第二节 设施高磷污染土壤改良措施

一、施用钝化剂，改变土壤磷素形态

磷素钝化技术是指通过加入钝化剂，调节和改变土壤环境，使磷素产生吸附、沉淀、表面络合、离子交换等一系列物理化学反应，从而改变磷素形态，降低其移动性，减少磷素淋失风险（图4-3），进而降低水体富营养化的风险。目前磷素钝化技术其已被广泛用于治理土壤磷素面源污染的工作中。该技术应用的核心是针对不同的土壤环境以及不同种类作物而筛选和施用最合适的钝化剂材料。当前对土壤磷素有较强吸附能力的材料主要包括黏土矿物类物质、铁铝类物质、钙镁类物质、生物炭类等。

在石灰性土壤中含有大量的碳酸钙，碳酸钙对磷的吸附起着重要的作用。当土壤中磷含量较低时，这些磷分散地吸附在碳酸钙上，增加磷的浓度，碳酸钙上的吸附位点会增多，继续增加磷的浓度时，磷会以离子桥的形式吸附在原有的位点上，当磷含量足够多时，碳酸钙几乎被磷酸盐所包被，整个体系中会存在大部分磷酸二钙、少部分磷酸八钙和极少的羟基磷灰石。故碳酸钙对磷酸根的吸附作用

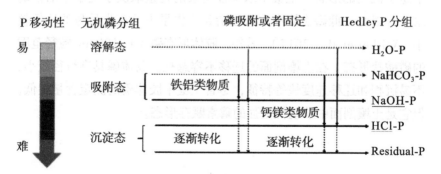

图4-3 改变磷素形态减少磷素移动

较强,尤其在土壤中磷含量较高的情况下。同时 Eslamian 等(2018)在土壤中添加不同浓度含碳酸钙的材料,并对渗滤液进行分析,添加碳酸钙材料可降低土壤中磷素淋失,但与添加浓度没有相关关系,而是存在最适浓度。实践中,我们可应用碳酸钙材料对高磷土壤进行吸附而减少其淋失造成的水体污染,但要测定其最适添加浓度,以达到最好的治理效果。

在实践中,许多农业土壤已经积累了非常高的土壤磷水平,甚至部分停止了磷素投入也存在富营养化风险(Liu et al., 2015)。许多研究表明,化学改良剂,即黏土矿物,铁/铝矿物质或钙/镁矿物质在降低不同土壤中的磷损失方面非常有效(Xu et al., 2006)。在这些化学改良剂中,明矾和白云石通常被认为是由于有效且易于获得的特性而减少磷径流或淋溶。

添加白云石可以通过 Ca^{2+} 离子诱导的表面吸附或沉淀来稳定钙质土壤中的不稳定磷(Tunesi et al., 1999)。有研究发现白云石施用剂量为2%,黏土壤土中磷损失减少,原因是土壤 pH 升高使稳定的钙结合态磷化合物增加。白云石主要通过吸附作用降低土壤水溶态磷,钾明矾有利于土壤活性磷向铝磷转化,从而降低其损失风险,缓解高磷设施土壤中活性磷含量较高且容易流失这一问题。此外,粪肥中添加明矾可大大降低其中的水溶性磷浓度,其中水溶性磷的下降幅度达79.3%,并且粪肥中添加明矾不会引起地表径流中铝浓度明显增加,对蔬菜产量影响不明显。通过添加钾明矾 20g/kg 后,显著降低设施石灰性土壤和红壤中水溶性磷和有效磷含量。钾明矾施用于石灰性土壤时,土壤活性磷降低的原因主要是无定型氢氧化铝对磷的吸附;钾明矾施用于酸性红壤时,土壤活性磷降低的主要原因是形成 $AlPO_4$ 沉淀。添加白云石 20g/kg 能显著降低石灰性土壤水溶性磷含量,但是增加了酸性土壤水溶性磷和速效磷含量。在 pH=6.5 的条件下,磷酸盐在无定型氢氧化铝表面的吸附以内圈配位形成双齿双核的络合物为主,难以形成 $AlPO_4$ 沉淀。在 pH=8 的条件下，低磷浓度的磷酸盐优先吸附在白云石中镁离子周围；高磷浓度磷酸盐在白云石表面同时发生了吸附、沉淀以及羟基交换作用。而且，白云石中的镁促进了无定型磷酸钙沉淀的形成。钾明矾在设施高磷土壤上的用量取决于土壤磷累积程度，少量多次施用钾明矾的磷素固持效果优于一次足量施用钾明矾。白云石的添加量小于 1g/kg 时，其对土壤磷素的释放能力优于固定能力；白云石添加量高于 10g/kg，磷素容易在白云石改良土壤上形成沉淀。田间条件下，设施石灰性土壤施用钾明矾和白云石 8 400kg/hm² 不影响作物产量。施用钾明矾和白云石均可减少土壤水溶性磷含量，施用钾明矾还增加了表层土壤总磷含量；施用钾明矾和白云石的混合物能够降低土壤磷素向下移动，而且对土壤理化性质影响较小。生物炭、改性生物炭以及稀土物质的磷素吸附量和价格差异变化幅度较大，特别是改性生物炭受改性物质和制备成本的影响非常大。综合考虑材料的磷吸附量、价格和在我国的储备量等条件，铁铝类物质中的钾明矾和非晶态铝以及钙镁类物质中的方解石和白云石较适用于土体磷素的钝化。

二、因地制宜确定磷肥投入量

作物在生育过程中需要从土壤中吸收大量磷元素，以形成核酸、磷脂、植素等含磷有机化合物。作物吸收的这部分磷会随着农产品的收获而被带出土壤，作物吸收的磷素越多，则磷肥的利用率越高。利用作物带走的方式耗竭磷素也是一种方法，但是该方法耗时较长。Sattari 等（2012）的数据结果表明，1965—2007 年这 40 多年内，全球土壤残留磷累积量为 815×10^6t，相当于 550kg P/hm²。考虑作物对磷的吸收能力，作物需要 9~22 年才能利用 20%~50% 的土壤残留磷（Rowe et al., 2015），这说明通过一种单纯耗竭的方法不能很快减少磷素的积累。

确定磷肥投入量时，需要确定不同作物以及不同的土壤质地。

1.针对不同作物确定磷肥投入量

不同作物对磷的需要量不同，一般豆科作物对磷的需要量较多，糖料作物、油料作物、果树及经济林木次之，禾谷类、蔬菜（特别是叶菜类）对磷的需要量较少。因此，要将磷肥重点施在需磷较多的喜磷作物上。此外，不同作物对难溶性磷的吸收利用能力差异很大，油菜、荞麦、肥田萝卜、番茄及豆科作物对磷吸收利用能力强，施用钙镁磷、磷矿粉等溶解性差的磷肥有较好的肥效；而马铃薯、甘薯对磷吸收利用能力弱，最好施用过磷酸钙等水溶性磷肥。

2.针对不同质地确定磷肥投入量

土壤供磷水平、有机质含量、土壤熟化程度、酸碱性等因素都对磷肥肥效有明显影响。一般有机质含量低、pH < 5.5的酸性土及熟化程度低的土壤供磷水平低、缺磷严重，要优先施用、足量施用；中度缺磷的土壤要适量施用、看苗施用；有机质含量多、熟化程度高的土壤含磷丰富，要少施、巧施。此外，酸性土壤可施用钙镁磷肥等碱性磷肥和弱酸溶性磷肥，石灰性土壤要优先施用过磷酸钙肥等酸性磷肥和水溶性磷肥。

三、因地制宜确定磷肥种类

各种有机肥、化学磷肥（过磷酸钙、钙镁磷肥、磷矿粉等）的施用是耕作土壤磷素的主要来源。

1.过磷酸钙

过磷酸钙又称普通过磷酸钙，简称普钙，是我国生产和应用最广的一种磷肥，其产量约占我国磷肥产量的70%。它是用硫酸分解磷矿石制取的，成品为深灰色或灰白色粉状物或粒径为2~4mm的颗粒物，有效磷的含量为14%~20%。因为过磷酸钙易溶于水，水溶液呈酸性反应，具有腐蚀性，易吸湿结块，并会引起各种化学变化，使水溶性磷变成难溶性磷而降低肥效，所以在储运过程中要注意防潮。过磷酸钙的主要成分就是磷酸一钙，更容易溶于水，肥效比较快，通常用于各种土壤、作物，但更建议用于石灰性土壤及中性土壤，可作基肥、追肥和种肥施用。主要用在缺磷的地块，以利于发挥磷肥的增产潜力。施用过磷酸钙时一定要适量，如果连年大量施用普钙，磷肥的效果会降低。

2. 磷酸铵

磷酸铵，又称为磷酸三铵，是磷酸的铵盐，以无水物和水合物两种形式存在。磷酸铵为无色晶体或灰白色粉末，有时为颗粒，易溶于水。磷酸铵含有氮、磷，是一种高浓度氮磷复合肥料。磷酸铵适用于各种土壤和作物。水田、旱田均可施用。颗粒状适于机械施用。可作种肥和基肥。磷酸铵大豆最理想的化肥品种之一。在缺氮土壤上种小麦、玉米等需氮较多的禾谷类作物时，用磷酸铵作种肥还应适当追施氮肥，以解决磷酸铵中氮少磷多的问题。

3. 钙镁磷肥

钙镁磷肥又称熔融含镁磷肥，占我国磷肥总产量的17%左右，仅次于过磷酸钙。它由磷矿石与含镁、硅的矿石经高温熔融、水淬、干燥和磨细而成，成品呈灰绿色或灰棕色粉末，有效磷含量为14%~18%。钙镁磷肥呈碱性，物理性状良好，不吸湿结块、无腐蚀性，但所含磷素不溶于水，只溶于弱酸溶液，因而在酸性土中施用肥效较高，特别适用于南方钙镁淋溶较严重的酸性红壤土。

4. 磷矿粉

磷矿粉由磷矿石直接磨碎而成，为灰褐色粉末，中性至微碱性，不吸湿、不结块，储存方便。磷矿粉含磷量＞14%，具体含量因矿物来源不同而异，大部分为植物难吸收的难溶性磷，弱酸溶性磷只占1%~5%，因而只能在酸性土中作基肥施用。

5. 骨粉

骨粉是以畜骨为原料制成的粉状产品，一般为灰白色粉末，性质类似磷矿粉，含磷量因制作方法的不同而异。生制骨粉的含磷量约为22%，不溶于水，植物利用很慢（特别是在石灰性土壤中），但在酸性土壤中植物对其利用速率较快（番绍玲等，2017）。

四、科学灌溉种植

土壤中的磷素会随着地表土壤的径流作用而损失，因此，防止径流损失，降低养分随水迁移可以有效控制磷素对环境的负面效应。农田土壤磷素径流损失的结果：一方面造成磷肥利用率降低、生产成本上升；另一方面，使磷素进入水体，引起水体富营养化。

长期超量施肥已导致蔬菜地土壤养分的过度积累，因此在蔬菜生产中应重视和提倡合理施肥及水肥的综合管理，控制土壤磷的积累，从而减少磷流失带来的污染。通过一年三茬蔬菜田间试验研究7种不同施肥模式对蔬菜产量及菜地土壤磷随地表径流流失的影响，结果表明，化肥和有机肥各半、化肥和硝化抑制剂（双氰胺）基施等两种施肥模式，不仅可以使蔬菜获得高产而且显著减少蔬菜种植期间菜地硝态氮、铵态氮流失量，并可以显著降低水溶性总磷随地表径流的流失量，进而减少菜地土壤造成的农业面源污染（黄东风等，2008）。石艳平等（2009）研究表明，相对于化肥的表施，合理的有机－无机配施以及化肥深施，可以分别降低地表径流中总氮和总磷平均浓度的53%和39%。在菜园土壤上推广平衡施肥技术可显著减少施肥量，提高肥料利用率，增加产量和经济效益，并能减少土壤磷养分淋失，减轻施肥的面源污染。

从保护地作物栽培水分管理角度来看，任何一种灌溉方式均存在着淋失作用、磷素向深层土壤迁移的风险。渗灌灌溉次数较多，但单次灌水量少，且灌在作物根层以下，在磷素含量高的表层土壤，水分在作物蒸腾作用下向上移动，可能使得该土层的磷素淋失的风险较低。对于沟灌而言，灌水次数相对较低，但是单次灌水量较大、湿润层深，这种灌溉方式显著促进了磷素向深层土壤的迁移淋失。而对于滴灌，其次数和灌水量较适宜，滴灌的特点是局部湿润、水分可达较深层，既满足作物生长又可增加作物根系对养分的持续吸收，可在一定程度上提高磷素淋失的临界值，进而降低磷素的淋失风险。因此，沟灌条件下，更应控制磷肥施用量，渗灌和滴灌可有效减缓磷素的剖面迁移，合理灌溉是减少磷素向下移动进而造成磷素面源污染的关键措施。

五、优化种植模式

种植制度的优化，包括间种、套种等种植模式，可以有效地减少菜地土壤氮磷养分的流失，对于从源头控制菜地氮磷污染具有重要的指导意义。大部分蔬菜为浅根系，通过间种套种等方式可减少氮磷流失。湛方栋等（2012）研究得出，蔬菜单作和玉米套作蔬菜种植模式下地表径流量分别为 $94.7 \sim 128.9 \mathrm{m}^3 / \mathrm{hm}^2$ 和 $52.6 \sim 76.4 \mathrm{m}^3 / \mathrm{hm}^2$，玉米套作蔬菜种植模式能显著地减少蔬菜农田地表径流量和径流污染流失，对地表径流量和地表径流的总氮、总磷流失量的最大消减率分别为 44.5% 和 53.1%、46.4%，间作可通过阻止水的流失来控制土壤侵蚀，从而减少养分的流失。裴志强等（2019，2020）开展设施菜田休闲期种植生物量大、深根系的鲜食糯玉米和饲用甜高粱减轻设施土壤磷素积累试验表明，饲用甜高粱在种植 15 万株 $/ \mathrm{hm}^2$ 的密度下，吸磷量为 $150.03 \mathrm{kg} / \mathrm{hm}^2$，糯玉米在种植 10.5 万株 $/ \mathrm{hm}^2$ 的密度下，吸磷量为 $128.80 \mathrm{kg} / \mathrm{hm}^2$。填闲糯玉米、甜高粱均可显著降低土壤表层总磷含量，分别降低 15.2%~19.7% 和 10.7%~10.9%，对减轻和阻控设施菜田磷素面源污染明显。

六、研发使用新型肥料

控释肥是根据作物生长及需肥规律研制而成的一种新型肥料，具有良好的控制释放的性能。控释肥的使用，可以减少肥料的用量，有利于提高养分的利用效率，减少因过量施肥而造成的环境污染问题，是防治农业面源污染的有效措施之一。另外，将磷肥制成直径为 3~5mm 的颗粒，可减少磷与土壤的接触面，减轻土壤对磷的固定作用，且便于机械化施肥。但是对于密植植物和根系发达的植物而言，粉状磷肥较好。

植物按一定比例吸收氮、磷、钾等各种养分，只有在协调氮、钾平衡营养的基础上合理施用磷肥才能有较好的肥效；在酸性土壤和微量元素缺乏的土壤上，还要配施石灰和微量元素肥料，才能更好地发挥磷肥的增产效果；磷肥与有机肥配施的过程中，可以减少土壤对磷的固定作用，促进难溶性磷肥溶解，提升磷素有效性。与此同时，秸秆和蔬菜残茬等有机物料堆制后施用到土壤中可以通过补充土壤碳源起到以碳增磷的作用，这是磷肥合理施用的一项重要措施。

磷是仅次于氮的植物需要量较大的养分元素，合理施用磷肥对于提高作物的产量和品质具有重要意义。但由于土壤特殊的固磷机制，施用的磷大部分都存留在土壤中，长期不合理施用磷肥会导致土壤磷素失衡，并造成土壤和地下水的污染。因此，只有充分了解土壤—植物系统中的磷素平衡原理，熟悉生产上常用磷肥的种类和性质，掌握磷肥的合理施用方法，科学、合理施用磷肥，才能维护好土壤—植物系统中的磷素平衡，从而达到磷肥资源高效、减轻环境污染的目的。

主要参考文献

曹宁，陈新平，张福锁，等，2007. 从土壤肥力变化预测中国未来磷肥需求 [J]. 土壤学报，44（3）：536-543.

高新昊，张英鹏，刘兆辉，等，2015. 种植年限对寿光设施大棚土壤生态环境的影响 [J]. 生态学报（5）：1 452-1 459.

黄东风，王果，李卫华，等，2008. 不同施肥模式对蔬菜产量、硝酸盐含量及菜地氮磷流失的影响 [J]. 水土保持学报（5）：5-10.

井永苹，李彦，薄录吉，等，2016. 不同种植年限设施菜地土壤养分、重金属含量变化及主导污染因子解析 [J]. 山东农业科学（4）：66-71.

李超，2014. 不同养分投入状况对土壤磷素分级及淋失的影响 [D]. 青岛：青岛农业大学.

李粉茹,于群英,邹长明,2009.设施菜地土壤 pH 值、酶活性和氮磷养分含量的变化 [J].农业工程学报,25(1):217-222.

鲁如坤,1998.土壤与植物营养 [M].北京:化学工业出版社.

陆文龙,张福锁,曹一平,等,1999.低分子量有机酸对石灰性土壤磷吸附动力学的影响 [J].土壤学报(2):3-5.

裴志强,卢树昌,2019.不同夏填闲作物不同密度种植对设施土壤磷素风险阻控研究 [J].环境污染与防治,41(4):398-401.

番绍玲,杨丽员,2017.土壤—植物系统中磷素平衡与磷肥合理施用 [J].现代农业科技(8):192-193.

裴志强,卢树昌,王茜,等,2020.夏填闲作物对设施土壤磷素吸收、土层间运移及后茬土壤磷转化影响研究 [J].华北农学报,35(2):1-8.

石艳平,段增强,2009.水肥综合管理对减少滇池北岸韭菜地氮磷流失的研究 [J].农业环境科学学报(10):2 138-2 144.

王永壮,陈欣,史奕,2013.农田土壤中磷素有效性及影响因素 [J].应用生态学报,24(1):260-268.

严正娟,2015.施用粪肥对设施菜田土壤磷素形态与移动性的影响 [D].北京:中国农业大学.

湛方栋,傅志兴,杨静,等,2012.滇池流域套作玉米对蔬菜农田地表径流污染流失特征的影响 [J].环境科学学报(4):847-855.

张经纬,曹文超,严正娟,等,2012.种植年限对设施菜田土壤剖面磷素累积特征的影响 [J].农业环境科学学报,31(5):977-983.

赵少华,宇万太,张璐,等,2004.土壤有机磷研究进展 [J].应用生态学报,15(11):2 189-2 194.

BAI X, GAO J, WANG S, et al., 2020. Excessive nutrient balance surpluses in newly built solar greenhouses over five years leads to high nutrient accumulations in soil[J]. Agriculture Ecosystems & Environment, 288 : 106717.

CONDRON, L M, TURNER B L, CADE-MENUN B J, 2005. Chemistry and dynamics of soil organic phosphorus[M]. // Sims J T, Sharpley A N. Phosphorus : Agriculture and the Environment. Madison : American Society of Agronomy : 87-121.

ESLAMIAN F, Qi Z, TATE M J, et al., 2018. Phosphorus loss mitigation in leachate and surface runoff from clay loam soil using four lime-based materials[J].

Water, Air, and Soil Pollution, 229 : 97–110.

HANSEN J C, CADE-MENUN B J, STRAWN D G, 2004. Phosphorus speciation in manure-amended alkaline soils[J]. Journal of Environment Quality, 33 : 1 521–1 527.

HECKRATH G, BROOKES P, POULTON P, et al., 1995. Phosphorus leaching from soils containing different phosphorus concentrations in the Broadbalk experiment[J]. Journal of Environmental Quality, 24(5) : 904–910.

KRUSE J, ABRAHAM M, AMELUNG W, et al., 2015. Innovative methods in soil phosphorus research : A review[J]. Journal of Plant Nutrition and Soil Science, 178(1) : 43–88.

LIU J, HU, Y, YANG J, et al., 2015. Investigation of soil legacy phosphorus transformation in long-term agricultural fields using sequential fractionation, P K-edge XANES and solution P NMR spectroscopy[J]. Environmental Science & Technology, 49 : 168–176.

NEST T V, VANDECASTEELE B, RUYSSCHAERT G, et al., 2014. Effect of organic and mineral fertilizers on soil P and C levels, crop yield and P leaching in a long term trial on a silt loam soil[J]. Agriculture Ecosystems & Environment, 197 : 309–317.

PAUTLER M C, SIMS J T, 2000. Relationships between soil test phosphorus, soluble phosphorus, and phosphorus saturation in Delaware soils[J]. Soil Science Society of America Journal, 64(2) : 765–773.

PIERZYNSKI G M, MCDOWELL R W, SIMS J T, 2005. Chemistry, cycling, and potential movement of inorganic phosphorus in soils[M]. //Sims J T , Sharpley A N. Phosphorus : Agriculture and the Environment. Madison : American Society of Agronomy : 53–86.

ROWE H, WITHERS P J A, BAAS P, et al., 2015. Integrating legacy soil phosphorus into sustainable nutrient management strategies for future food, bioenergy and water security[J]. Nutrient Cycling in Agroecosystems, 104 : 393–412.

SATTARI S Z, BOUWMAN A F, GILLER K E, et al., 2012. Residual soil phosphorus as the missing piece in the global phosphorus crisis puzzle[J]. Proceedings of the National Academy of Sciences, 109 : 6 348–6 353.

SHARPLEY A N, SMITH S, BAIN W, 1993. Nitrogen and phosphorus fate from long-term poultry litter applications to Oklahoma soils[J]. Soil Science Society of

America Journal, 57(4) : 1 131–1 137.

TUNESI S, POGGI V, GESSA C, 1999. Phosphate adsorption and precipitation in calcareous soils : the role of calcium ions in solution and carbonate minerals[J]. Nutrient Cycling in Agroecosystems 53 : 219–227.

WANG Y T, ZHANG T Q, O'HALLORAN I P, et al., 2016. A phosphorus sorption index and its use to estimate leaching of dissolved phosphorus from agricultural soils in Ontario[J]. Geoderma, 274 : 79–87.

WANG Y T, ZHANG T Q, O'HALLORAN I P, et al., 2012. Soil tests as risk indicators for leaching of dissolved phosphorus from agricultural soils in Ontario[J]. Soil Science Society of America Journal, 76(1) : 220–229.

WITHERS P J A, HODGKINSON R A, ROLLETT A, et al., 2017. Reducing soil phosphorus fertility brings potential long-term environmental gains : A UK analysis[J]. Environmental Research Letters, 12 : 063001.

XU D, XU J, WU J, et al., 2006. Studies on the phosphorus sorption capacity of substrates used in constructed wetland systems[J]. Chemosphere, 63 : 344–352.

YAN Z, CHEN S, DARI B, et al., 2018. Phosphorus transformation response to soil properties changes induced by manure application in a calcareous soil[J]. Geoderma, 322 : 163–171.

YAN Z, LIU P, LI Y, et al., 2013. Phosphorus in China's intensive vegetable production systems : overfertilization, soil enrichment, and environmental implications[J]. Journal of Environment Quality, 42(4) : 982–989.

（执笔人：靳嘉雯、樊秉乾、卢树昌）

第五章 设施土壤重金属污染钝化与改良

设施土壤污染不仅包括氮磷素投入过高引发的面源污染，还包括重金属元素累积造成的污染，尤其后者可通过食物链对人们身体健康构成严重威胁。随着农业集约化、快速城市化及现代工业化引起的土壤重金属污染问题日益突出，土壤污染面积增加、污染程度加剧，对重金属污染耕地的治理与修复受到越来越多的学者关注。多年来，设施菜田重金属污染及改良研究得到高度重视，本章通过分析设施土壤重金属含量与污染风险状况，进一步阐述土壤重金属污染修复改良技术，旨在为设施菜田土壤重金属污染改良提供科学支撑。

第一节 设施土壤中重金属含量及污染风险分析

一、设施土壤重金属含量特征

根据我国环境部和国土资源部在 2014 年发布的《全国污染土壤调查公报》结果显示，我国土壤点位超标率为 16.1%，其中 82.4% 的污染土壤中的主要污染物是重金属或类金属，主要的重金属污染元素是镉（7.0%）（括号表示超标率，下同）、镍（4.8%）和砷（2.7%）。研究发现，2004—2012 年所有曝光的食品安全事件中有约 9.2% 与蔬菜相关，且重金属超标在蔬菜食品安全事件中占较大比例（厉曙光等，2014）。

为了解我国设施菜田土壤重金属污染状况，探讨种植年限、土壤有机碳及全氮等因素对设施菜田土壤重金属含量的影响，以我国设施菜田土壤为研究对象，对全国尤其黄淮海与环渤海设施蔬菜主产区进行调查，获取土壤 401 组 /233 组样本点数据，利用数理统计、相关性及多元统计分析等方法定量描述我国设施菜田土壤重金属积累及污染特征，并进行土壤重金属污染影响因素分析（贾丽等，2020）。

据调查结果显示：设施菜田土壤 Cd、Pb、As、Cr、Hg、Cu、Zn、Ni 平均含量分别为 0.32mg/kg、24.9mg/kg、8.45mg/kg、83.6mg/kg、0.05mg/kg、29.9mg/kg、70.7mg/kg、27.4mg/kg，超标率排序为 Cd（30.5%）＞Cu（9.8%）＞Cr（7.2%）＞Zn（4.8%）＞Pb（4.7%）＞As（3.7%）。在黄淮海与环渤海设施蔬菜主产区，设施菜田土壤 Cd、Pb、As、Cr、Hg、Cu、Zn、Ni 平均含量分别为 0.30mg/kg、25.9mg/kg、8.56mg/kg、67.1mg/kg、0.08mg/kg、33.3mg/kg、79.1mg/kg、32.5mg/kg，超标率排序为 Cd（25%）＞Cu（10.4%）＞Cr（9.9%）＞Pb（6.3%）＞Zn（2.2%）＞As（2.1%），Hg、Ni 基本不超标。

总体来看，我国设施土壤各类重金属含量处于较低水平，但累积情况具有普遍性。土壤重金属含量相差悬殊可能是由作物种植方式、农用品受污染程度及投入量、种植年限等的差异所致。在实地采样调查数据来源下，除 Pb、Cr 外，黄淮海与环渤海设施蔬菜主产区重金属平均含量均低于全国平均含量水平，且所有元素含量最大值均低于全国水平，土壤重金属超标率较低，说明我国设施蔬菜主产区的土壤环境质量良好，部分超标及高重金属含量土壤需要加强污染防控与治理。从超标元素看，土壤主要受 Cd、Cu、As、Zn 污染，其中最为普遍的是 Cd、Cu，而基本不受 Hg、Ni 元素污染。这主要是受菜田投入品质量的影响，如含 Hg 等制剂农药的限用、禁用对减少重金属污染起到了积极作用，而因畜禽饲料添加剂导致产品质量不一的有机肥的使用对土壤中 Cd、Cu、Zn、As 累积起到助推作用。

二、不同种植年限下设施土壤重金属累积特征

每年向菜田土壤中投入的养分存在着差异，因此土壤中重金属的年累积量也有所不同，导致不同种植年限的设施菜田土壤中重金属含量存在着差异。

随种植时间延长，设施菜田土壤中的 Cd、Cu、Zn 含量呈逐步累积状态，且达到显著水平（贾丽等，2020）。根据文献调研数据分析，种植年限为 1~5 年的设施土壤中 3 种元素含量分别为 0.41mg/kg、31.7mg/kg 和 83.3mg/kg，在 21~25 年 Cd 含量达到最高水平（3.60mg/kg），在种植年限为 26~30 年的设施土壤中出现下降，而 Cu（80.3mg/kg）和 Zn（180mg/kg）在 26~30 年间达到最高水平，这最高含量水平与种植年限 1~5 年土壤重金属含量相比分别增加了778%、153% 和 117%，但 Pb、As、Cr 含量变化不明显。即随种植时间延长，土壤 Cd、Cu、Zn 呈逐步累积状态，也可能会造成 As 的累积。

三、设施土壤重金属污染危害

设施土壤重金属污染可对蔬菜作物产生一定的毒害作用，影响土壤中生物群落的结构与功能，对作物产生不同程度的毒害作用，影响其质量与产量，还可通过可食用作物的富集经由食物链进入人体，在人体内积累对人体产生影响与危害。

（一）设施土壤重金属对作物的毒害

根据《土壤环境质量　农用地土壤污染风险管控标准（试行）》（GB 15618—2018），土壤中重金属含量超过农用地土壤污染风险筛选值后，会对农产品质量安全、农作物生长或土壤生态环境可能存在风险，标准中对镉、汞、砷、铬、铜、镍、锌在不同土壤 pH 环境中的限值做了规定。如图 5-1 所示，植物的生长离不开土壤，一

且土壤含有大量的重金属元素，就会使植物吸收过多的重金属成分，其在植物体内进行沉淀可能会产生某种有害物质，影响植物的正常生长代谢，而且也会影响植物对其他元素的吸收能力，造成内部大量营养物质流失，无法保证植物的生长营养需求，抑制种子的萌发、幼苗与根系的生长，使农作物减产甚至死亡。

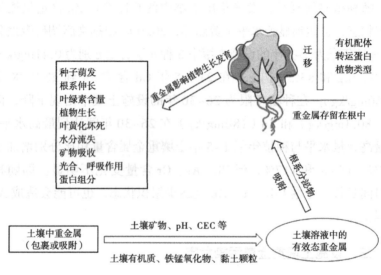

图 5-1　重金属对设施作物影响过程

（二）设施土壤重金属对土壤生物的危害

土壤中生活着大量的生物（包括微生物），土壤中的各种生物可有效调节土壤的活性成分，生物（包括微生物）的运动，能够给土壤带来活力以及营养物质。如果土壤中含有大量的重金属元素，会限制土壤内部微生物的正常活动，且重金属元素难以被分解，长期存在会降低土壤肥力。

（三）设施土壤重金属对土壤酶的影响

土壤中除了含有许多微生物与生物之外，还含有大量的土壤酶，土壤酶是一种生物催化剂，对土壤的肥力和活性有影响，如果土壤环境遭受污染，那么就会破坏土壤酶的活性。土壤重金属对土壤酶主要产生抑制作用，且土壤中的脲酶和过氧化氢酶对土壤重金属较为敏感。重金属 Hg、Pb、Cd 对土壤酶的活性均有抑制作用，其抑制作用表现为 Hg > Cd > Pb，且随着重金属浓度的增加而增强。As 对不同土壤酶的活性均有不同程度的抑制作用，而 Cr 对不同种类的土壤酶有不同的作用，具体表现为 Cr 可抑制脲酶的活性，但可增加碱性磷酸酶和蛋白酶的活性。

（四）设施土壤重金属对人体健康的危害

重金属的化学性质稳定，进入土壤中会降低农产品的质量，影响作物的正常生长，重金属还会随雨水浸透地表，流进地下水中，威胁人们饮用水的安全。人们如果食用了在重金属污染土壤中生长的蔬菜，或者是饮用含有大量重金属元素的饮用水，会对健康造成影响，这是因为重金属能与人体内相关的酶和蛋白质结合，抑制酶的活性，破坏蛋白质结构，影响人体健康，甚至可致癌、致畸、致突变。Cd 在所有重金属中毒性是最强的，Cd 于 1993 被确定为人类致癌物质，主要可致肺癌，同时可对人体多个器官及免疫系统造成伤害。同时，因其与钙具有较为相似的生理性质，能够替代骨骼中部分钙，可造成骨质疏松、骨骼变形，影响骨骼系统，1961 年日本的"骨痛病"事件便是由于当地居民食用 Cd 含量过高的大米所导致。Cd 在人体内的积累还可对肾产生损害，使肾功能下降，并且这种对肾的损害是不可逆的。Cd 还可损伤睾丸，对男性的生殖系统产生危害。Pb 在人体内大量富集后会导致贫血、神经紊乱、肾脏损伤、生殖功能下降，使幼儿智力低下、老人失智，还会损害免疫系统等。Pb 是一种亲神经毒物，对脑组织尚且未发育完善的儿童与婴幼儿的影响远大于成人，可对儿童与婴幼儿的智力发育、身体发育产生不利的影响。Cr 对皮肤有刺激作用，会引起皮肤溃烂，也能通过呼吸道进入人体，引发呼吸道疾病。摄入过量的 Cr 可引起肌肉痉挛、反胃呕吐、肝肿大等，严重时可导致死亡。As 也具有严重的致癌风险，中毒表现具有滞后性，通常是长时间的积累导致。人体吸入或摄入高浓度的 As，可导致 As 中毒甚至死亡；而人体长期暴露于低浓度的 As 环境中，As 在人体内日渐积累会使人产生慢性的 As 中毒，对人体造成危害。另外，As 是人类致癌物质之一，主要可导致皮肤癌、肺癌。Hg 可通过皮肤接触、消化道和呼吸道，对人体的神经系统等造成病变危害，引起中毒，如"水俣病"。

第二节　设施土壤重金属原位钝化修复技术

一、重金属钝化剂种类及作用机制

重金属钝化剂是原位钝化修复技术的"主力军"，常见的设施土壤重金属钝化剂包括黏土矿物、石灰类材料、堆肥、金属氧化物以及生物质炭等。不同类型的钝化剂及其作用机制如下。

（一）黏土矿物

天然黏土矿物为含镁、铝等为主的一类含水硅酸盐矿物，其颗粒十分细微（粒径一般小于 0.01mm），主要包括高岭石族、伊利石族、蒙脱石族、蛭石族以及海泡石族等矿物，它是组成黏土岩和土壤的主要矿物。除坡缕石、海泡石等少数为链层状结构外，其余黏土矿物均为层状结构，一般都是由 Al—O 八面体层和 Si—O 四面体层彼此连接组成结构层，四面体层和八面体层的不同组合堆叠重复构成黏土矿物的不同层状结构。在其结构层间有可交换的无机阳离子和一部分在晶体表面上的氧原子电子，因此黏土矿物具有良好的吸附性能和自我净化能力。李明德等（2005）研究了海泡石对镉污染土壤的改良效果，结果表明，海泡石能增强土壤的离子交换性、吸附性、黏性、凝聚性、可塑性，这是因为黏土矿物具有不饱和电荷、巨大的比表面积以及存在于层间的水分子和阳离子；在 Cd 含量为 0mg/kg、3.0mg/kg、6.0mg/kg 3 个水平下，海泡石施加量越大，钝化 Cd 的能力越强。在重金属污染原位钝化修复的研究过程中，由于黏土矿物的离子交换性、可吸附性及其具有的自我净化能力，黏土矿物已经成为一种简单、快速、清洁的钝化材料。王长伟（2010）利用海泡石、高岭土、膨润土 3 种应用广泛的黏土矿物进行盆栽实验，发现向土壤中添加海泡石和膨润土单一处理，都显著降低了土壤中有效态 Cd 的含量；而向土壤中添加高岭土的所有处理的土壤中有效态 Cd 的含量与对照相比没有显著变化；随着海泡石和膨润土添加量的增加，土壤中有效态 Cd 的含量越低。除海泡石、高岭土、膨润土 3 种应用广泛的黏土矿物外，沸石作为黏土矿物的一类也因具有使用快速、清洁和便宜等优点而被人关注。

（二）石灰类材料

石灰类材料是一种以氧化钙为主要成分的无机胶凝材料，常见的石灰类材料包括石灰、赤泥、粉煤灰，以及 $CaCO_3$ 和 $Ca(OH)_2$。不同的石灰类材料作用机理不同，作用效果也有所不同。石灰类材料主要通过以下两种方式对重金属起到钝化作用：一方面，石灰类材料通过降低土壤中 H^+ 浓度，增加土壤表面负电荷，从而增强对重金属阳离子的吸附作用；另一方面，通过与金属离子形成沉淀而降低其有效性。也有一些石灰类材料如赤泥、方解石等，除其强碱性的性质外，还具有比表面积大、结构疏松多孔等特点，对重金属的强吸附作用也是此类材料钝化能力的一大原因。

张茜等（2008）人通过外源加入重金属 Cu-Zn，制成 Cu、Zn 单一及复合的三级污染红壤和黄泥土（Cu 200mg/kg、Zn 400mg/kg），平衡 2 个月后施入石灰，待稳定 4 个月后发现，施入石灰后，红壤中 Cu、Zn 的有效性含量降低了 87.6%~92.3%，而黄泥土中有效性含量降低了 90%，有效铜含量最大降低幅度为 47.4%，说明石灰对两种土壤中 Cu、Zn 均具有较强的钝化效果；王萍（2017）通过选取重金属污染的 3 种不同土壤，以石灰为重金属钝化材料进行小白菜盆栽试验，探讨石灰对不同类型土壤中重金属有效态含量的影响，研究结果表明，石灰处理对试验土壤中重金属 Cu、Zn 和 Pb 稳定化效果均较好，且随时间的延长效果逐渐增强，并在最大用量（10%）时钝化效果最为显著。

（三）堆肥

堆肥化是当前畜禽粪便、作物秸秆等农业废弃物减量化、无害化、资源化利用的便捷、经济、有效的处理方式。堆肥中富含氮、磷、钾、钙、镁等元素，钾、钙、镁等元素不仅能起到肥效作用，还能与重金属产生颉颃作用，抑制植物对重金属的吸收。与此同时，经过长期的物理、化学、生物作用后，有机堆肥中还会形成一种复杂的有机物——含腐植酸物质。腐植酸是一种大分子聚合物，这些物质富含—COOH、—OH、—C＝＝O、—NH$_2$ 以及 —SH 等基团，可以增加土壤中阳离子交换量，使土壤表面可变负电荷增加，从而增强对重金属的吸附能力。其中腐植酸还与 Cd 等重金属及其水合氧化物有较强的螯合作用，形成腐植酸－Cd 等不溶性螯合物大分子物质，使重金属形成植物不易吸收的大分子有机结合态，降低重金属活性，达到重金属钝化的效果。

李玉（2018）通过模拟不同情景下污泥富磷堆肥重金属浸出实验及盆栽实验，发现添加磷尾矿渣的污泥堆肥处理能够促进重金属向稳定形态转化，降低重金属在土壤自然 pH（6~8）范围内潜在释放风险，符合土壤改良的重金属限值要求。在模拟连续自然降雨或酸雨条件下，污泥富磷堆肥尤其是磷尾矿渣—污泥堆肥可显著降低重金属的浸出，经检测，并未对地下水造成明显影响。而在连续自然降雨条件下，施用磷尾矿渣—污泥堆肥可促进磷矿山表土对重金属的富集能力，使其富集在 25~35cm 的土层中。另外，施用污泥堆肥还可提高土壤微生物和酶活性，从而促进植物株高、生物量的增长。因此，污泥堆肥可以降低植物对土壤中重金属的富集，并稳定土壤中的重金属。

（四）金属氧化物

金属氧化物是指氧元素与另外一种金属化学元素组成的二元化合物，如氧化铁（Fe_2O_3）、氧化钠（Na_2O）等。常见的金属氧化物有锰氧化物、铁氧化物和铝氧化物等，其常被用于催化领域，并被作为主催化剂、助催化剂和载体而广泛使用。另外，金属氧化物具有良好的吸附净化功能，这可能是因为金属氧化物具有很大的比表面积和很多的吸附位点，能与重金属形成较为稳定的结构，如铁氧化物能与重金属生成 Fe-O-M。因此，它常作为钝化剂在土壤重金属修复中得到大量的应用。

林志灵等（2013）应用室内模拟培养的方法，选取针铁矿、水铁矿、水铝矿及镁铝双金属氧化物 4 种金属氧化物作为土壤钝化剂，每种钝化剂均设置 0.1%、0.5%、1.0%、2.5% 和 5.0% 5 个添加梯度，研究了人工合成铁、铝矿物和镁铝双金属氧化物对砷超标土壤中砷的钝化效果。90 天培养后结果表明，随着添加量的增加，水铁矿较其他钝化剂处理土壤中有效态砷的含量降低得更为明显，降幅达 5.67%~64.15%，具体表现为添加量越大，降幅越大。同时，各处理对提高土壤残留态砷含量的作用均较为明显，且各处理下土壤残留态砷含量随添加量增加而增加。

（五）生物质炭

生物质炭也称生物炭，是一种作为土壤调理剂的木炭，能帮助植物生长，可应用于农业用途以及碳收集及储存使用，有别于一般用于燃料的传统木炭。生物质炭较一般的木炭一样是生物质能原料经热裂解之后的产物，其主要的成分是碳分子。近年来，由于排放二氧化碳、一氧化二氮及甲烷等温室气体造成气候变迁的影响，让科学家开始重视生物炭的运用，因为它有助于借由生物炭封存的方式，捕捉与清除大气中的温室气体，将它转化成非常稳定的形式，并储存在土壤中达数千年之久。生物炭还是一类稳定、富含碳的多孔隙材料，能吸附和钝化重金属，生物炭的主要成分是烷基和芳香结构碳，化学稳定性强，极少参加碳循环，很难发生降解，其表面丰富的巯基、酚羟基、羰基、内酯基等均能增加其表面对重金属的吸附，因而可以作为有机质在土壤中将 Cd 稳定地吸附。

王哲等（2019）以玉米秸秆为原料在 450℃ 条件下制备了生物炭，探究生物炭对土壤重金属 Cu、Zn、Pb 和 Mn 有效性以及重金属不同形态变化的影响。结果表明，添加不同含量生物炭后，土壤中有效态重金属含量均呈现不同程度的降低，而且生物炭添加量越大，降幅也越大，同时，添加生物炭后，土壤中重金属的形态也由易迁移的弱酸提取态向更加稳定的残渣态转化，且生物炭添加量越大，钝化效果越显著。

二、不同钝化剂适用范围及钝化效果

影响设施土壤原位钝化修复效果的因素较多，主要分为环境因素与钝化剂自身因素。环境因素包括土壤理化性质以及淹水状态、种植方式、气候条件等；钝化剂自身因素主要包括钝化剂的热稳定性、化学稳定性、生物稳定性等。土壤 pH、含水率、有机质、黏土矿物含量、阳离子交换量、氧化还原电位（Eh）等理化性质都会影响钝化剂的修复效果。一般来说，土壤 pH、有机质含量、黏土矿物含量越高，土壤重金属生物有效性和迁移性会因沉淀、吸附、络合、螯合作用的加强而降低。降雨量等气候条件、农田淹水状态等也会影响钝化剂的固定效果，如淹水后土壤 pH、Eh、阴离子、阳离子、有机质等均会发生改变，影响钝化剂的修复效果。

钝化材料在应用于不同类型土壤时会产生不一样的效果。例如，为探究石灰对不同类型土壤中重金属有效态含量的影响，王萍（2017）选取不同地区重金属污染土壤，发现石灰对陕西土壤中的 Cd 具有钝化效果，却对湖北和浙江的土壤没有钝化效果。黄雅曦等（2008）探究了静态条件下沸石和草炭对重金属离子的吸附特性。结果表明，钝化剂对重金属离子吸附量的多少，取决于各个重金属

（Cu^{2+}、Mn^{2+}、Zn^{2+}、Pb^{2+}、Cd^{2+}）的含量，溶液浓度越大，吸附量越大。同一种钝化材料对于不同重金属具有不同的钝化能力，不同钝化材料对同一种重金属也具有完全不同的钝化效果。Cr 在土壤中的吸附和沉淀行为受氧化还原电位、氧化态、酸碱度、土壤矿物、竞争离子、络合剂等多种因素控制，Cr^{3+} 能被铁锰氧化物和黏土矿物吸附，且吸附随着土壤酸碱度和有机质含量的增加而增加，随着溶液中竞争阳离子或溶解有机配体的增加而减少。而 Mn 的吸附随着酸碱度的增加而增加。在石灰性土壤中，碳酸钙的化学吸附和随后的碳酸锰沉淀是一个重要的重金属钝化方式。Zn 容易被黏土矿物吸附，而在石灰性和碱性土壤中，Zn 主要是由于碳酸盐的吸附、氢氧化锌或碳酸盐的沉淀或不溶性锌酸钙的形成而无法获得的。因此，钝化剂对于不同重金属的钝化效果还取决于土壤酸碱度和有机质含量等因素。

　　重金属原位钝化修复技术，没有可供普遍采用的一种钝化材料，只能根据重金属污染的实际情况，包括土壤的理化性质、重金属的种类、污染严重程度，以及气候条件、地形地貌特征等，去判断选择合适的钝化材料。与此同时，还要考虑到钝化修复后土壤的实际利用方式，以满足特定种植作物的产品质量安全。表 5-1 为不同钝化剂适用范围及可修复重金属类型。

表 5-1　不同钝化剂适用范围及可修复重金属类型

钝化材料	适用范围	可修复重金属
黏土矿物	常见的黏土矿物中富含钙镁等离子，因此不宜施用于盐碱化程度高的土壤中	Cu、Zn、Pb、Cd
磷酸盐类化合物	土壤 pH 是影响磷酸盐钝化重金属效果的重要因素，低 pH 有利于难溶性磷的溶解，进而促进难溶性重金属化合物的形成	Pb、Cd、Cr、Cu、Zn
石灰类材料	石灰类材料偏碱性，可通过减少土壤环境中 H^+ 浓度，以及与重金属离子形成沉淀降低其有效性，因此，适用于酸性土壤重金属污染	Zn、Pb、Cd、Ni、Cu

（续表）

钝化材料	适用范围	可修复重金属
堆肥	堆肥中富含植物生长所需的氮、磷、钾、钙、镁以及有机质等物质，因此，其对于贫瘠缺乏养分且饱受重金属污染的土壤是一个不错的选择	Zn、Pb、Cd、Ni、Cu、Cr
金属氧化物	常见的金属氧化物具有一定的氧化还原性，且易与空气中水和二氧化碳反应生成碱性物质，因而较适用于酸性土壤	As、Pb、Cu、Cr
生物炭	不同原料烧制生物炭有酸碱性之分，可根据其不同酸碱性施入不同性质土壤之中	Pb、Cd、As、Cu

第三节 重金属污染设施土壤安全生产技术

如何实现设施土壤安全生产是农田重金属污染控制的重要内容。设施土壤安全生产主要是通过人为干预的方式，减少土壤中重金属的有效性及其向农产品中的累积风险，从而达到设施污染土壤安全生产的目的。重金属污染土壤安全生产技术因具有保障农产品安全、成本低廉、治理面积大、易于推广等优点而被广泛关注。重金属污染设施土壤安全生产技术的应用能够有效阻断农田土壤重金属进入食物链，改善当地生态环境和农业生产条件，提高粮食、果品、蔬菜等农产品的产量和品质，推动农业农村经济的可持续发展；通过化学钝化、农艺调控、替代种植等方式减少重金属在农产品中的累积风险，可显著改善设施农业生态环境状况，具有良好的生态环境效益，针对实际生产土壤重金属污染等级，需适当调整污染修复措施（图 5-2）。

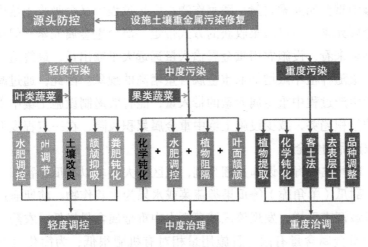

图 5-2 重金属污染设施土壤安全生产措施

一、重金属污染源头控制技术

设施农业生产中重金属的输入途径主要包括化肥、灌溉水、畜禽粪有机肥和商品有机肥等（图 5-3），各种农资产品的投入会增加

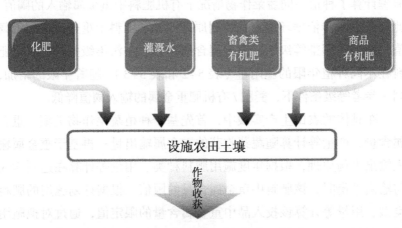

图 5-3 土壤蔬菜系统重金属流平衡分析

土壤中重金属元素含量，蔬菜作物在生长过程中又会吸收土壤中的重金属元素，通过蔬菜收获的方式带走一部分重金属元素。但从已有结果来看，设施农田重金属输入量远远大于输出量，最终造成设施土壤随种植年限增加而重金属含量增高的现象。因此，通过减少农业生产过程中重金属元素的带入量，能有效遏制设施土壤中重金属的累积趋势，减少设施土壤中重金属累积风险，在一定程度上保障农产品的安全。

以河北省青县设施大棚为例，该区域大棚多以黄瓜、番茄、豆角、甜瓜（羊角脆）等瓜果类蔬菜或水果为主栽作物。前期通过在该区域调查采样，发现该区域灌溉水中重金属含量极低，农药、化肥中重金属含量有限，且施用量相对有机肥很低，为简化重金属输入输出平衡计算过程，突出有机肥中重金属含量控制的重要性，本示例中仅以有机肥中重金属为设施土壤重金属输入的主要来源。2016—2018 年在河北青县等地设施大棚内开展的不同蔬菜作物吸收重金属含量、产量、有机肥施用情况等的调查，选取了黄瓜、豆角单茬，白菜、芝麻菜两茬，以及黄瓜—豆角、羊角脆—黄瓜、黄瓜—黄瓜、以及黄瓜—芝麻菜轮作制度，经重金属输入与输出平衡原理计算了种植不同蔬菜作物情况下有机肥料中重金属输入的阈值。此外还进一步依据环境容量控制原理计算了肥料中重金属输入的阈值，即当前污染等级下的重金属含量达到上一污染级别时，有机肥料在不同种植年限的施用量（表 5-2 和表 5-3），随着年限的增加，同一参考等级条件下，粪肥/有机肥重金属的输入阈值降低。

在具体的农田生产实践中，首先基于种植蔬菜作物类型、重金属含量、产量等计算随蔬菜收获的重金属输出量；再基于重金属输入输出平衡原理，根据年度施用肥料种类、用量等计算在达到输入与输出平衡时，该肥料中重金属含量的限值。根据计划施用的肥料类型、用量等计算该投入品中重金属含量的限定值，通过对拟施用肥料分析重金属含量，确定其是否低于或等于限定值，进而确定该肥料及其用量等是否合理。

表 5-2 基于重金属输入与输出平衡原理下肥料中重金属输入阈值

单位：mg/kg

作物	单株 Cd 含量	每亩 Cd 移除量	不同猪粪用量下 Cd 输入阈值			商品有机肥施用 Cd 阈值
			2 100kg（3m³）	2 800kg（4m³）	3 500kg（5m³）	775kg
黄瓜（单茬）	0.007	24.23	0.023	0.017	0.014	0.031
豆角（单茬）	0.020	59.13	0.056	0.042	0.034	0.076
白菜（两茬）	0.040	240.00	0.228	0.171	0.137	0.309
芝麻菜（两茬）	0.126	378.00	0.360	0.270	0.216	0.488
黄瓜—豆角	0.013	89.36	0.079	0.059	0.047	0.108
羊角脆—黄瓜	0.036	29.99	0.028	0.021	0.017	0.039
黄瓜—黄瓜	0.007	48.46	0.046	0.035	0.028	0.063
黄瓜—芝麻	0.066	213.23	0.203	0.152	0.122	0.275

表 5-3 基于环境容量控制原理肥料中重金属输入的阈值（以两季黄瓜为例）

单位：mg/kg

参考污染等级	参考标准	设定 Cd 本底	粪肥用量（猪粪）						商品有机肥用量		
			1 000kg（干重）			2 000kg（干重）			1 000kg（干重）		
			20 年	30 年	50 年	20 年	30 年	50 年	20 年	30 年	50 年
清洁	<0.28	0.20	0.64	0.44	0.28	0.32	0.22	0.14	0.64	0.44	0.28
尚清洁	0.28~0.40	0.28	0.94	0.64	0.40	0.47	0.32	0.20	0.94	0.64	0.40
超标	0.40~0.80	0.40	3.04	2.04	1.24	1.52	1.02	0.62	3.04	2.04	1.24
严重超标	>0.80	0.08	6.04	4.04	2.44	3.02	2.02	1.22	6.04	4.04	2.44

二、设施蔬菜种植替代技术

设施土壤重金属通过蔬菜作物吸收累积到农产品中，从而引发农产品安全问题，对人体健康造成直接威胁。以镉为例，农田土壤中镉容易被作物吸收和积累，进而威胁农产品安全和人体健康。通过各种途径慢性摄入镉会导致严重的健康危害，如在 20 世纪 30 年代和 40 年代日本富山县神通川流域盛行的骨痛病是由食用镉超标稻米引起的。蔬菜也是容易产生镉超标问题的农产品之一，我国许多地区的菜田受到土壤镉污染，且不同作物对镉的吸收能力存在较大差异。对于大面积中轻度镉污染的菜田土壤，通过在镉污染土壤上种植对镉富量量低的品种，能够在最大程度上保证蔬菜产品的安全生产，无成本限制，没有二次污染的可能。这已成为一种环境友好、颇具前景的镉污染土壤的应对策略。

（一）不同蔬菜对土壤镉的累积特征

不同类型蔬菜对土壤镉的累积存在着显著性差异。一般而言，不同蔬菜对镉的累积能力一般遵循以下规律：叶类＞茄果类＞根茎菜类＞瓜菜类＞豆类。比较来看，叶类蔬菜表现出更大的累积镉风险。蔡立梅等（2018）通过采集湖北大冶铜绿山矿区菜田 52 个常见蔬菜样本，检测分析发现，叶类菜对土壤镉的迁移系数高于非叶类菜。韩峰等（2014）经过田间试验发现，供试 12 种蔬菜对镉的累积能力大小依次为：黄瓜、大白菜、生菜、萝卜、棒豆、辣椒、丝瓜、莴苣、豇豆、芹菜、胡萝卜、茄子。欧阳喜辉等（2008）全面调查北京市 14 个区县有代表性蔬菜生产基地，采集 220 个蔬菜样本，经检测分析发现，油菜、油麦菜、生菜、菠菜、白菜等叶类蔬菜对土壤镉的吸收能力较强，西瓜、西葫芦、扁豆等果类蔬菜对土壤镉的吸收能力较低。然而蔬菜对土壤中镉的吸收累积特性往往受到土壤理化性质状况和试验研究手段的限制，试验结果并不总是遵循叶菜类＞瓜果菜类＞根茎菜类的镉累积规律。

蔬菜对土壤中镉的吸收不仅存在明显的种类间差异，同时也表现出一定的科属亲缘特征。方华为（2011）进行盆栽试验研究发现，在土壤镉含量为 2.12mg/kg 时，叶类蔬菜可食部位镉平均含量依次为油麦菜＞生菜＞菜薹＞莴苣＞空心菜＞芹菜＞小白菜＞大白菜＞芥菜＞香菜＞苦苣＞香葱＞甘蓝＞木耳菜＞茼蒿＞苋＞韭菜。蔬菜对土壤镉吸收能力按科属分类，莴苣属蔬菜对镉的吸收能力最强，甘薯属、云姜属、芹属、菊苣属为中等吸收能力，而茼蒿属、葱属、落葵属、苋属对镉吸收能力最低。

同种蔬菜，不同基因型（品种）之间对土壤镉的吸收累积特性依然存在较大差异。筛选低重金属元素吸收能力的蔬菜品种，并在镉超标设施土壤上开展替代种植是一种有效应对土壤重金属污染的修复技术。一般来说，与瓜果类、根茎类蔬菜相比，叶类蔬菜对重金属元素的累积吸收能力更强，累积风险更高。瓜果类和根茎类蔬菜是重金属元素超标设施农田土壤中推荐种植的蔬菜类型。

（二）设施土壤环境对蔬菜镉吸收的影响

镉在蔬菜体内的实际积累状况不仅取决于蔬菜品种和遗传特性，同时还受到土壤环境条件的制约。特定的土壤理化性质、土壤中镉总量和有效态含量等都会显著影响特定蔬菜品种体内镉的积累。

设施土壤镉含量水平对蔬菜镉吸收影响显著，大白菜可食部位镉浓度与土壤中镉含量呈显著正相关。不同土壤中镉从土壤到植物的转移系数存在显著差异，且随土壤 pH 增加而降低。土壤镉安全阈值与土壤 pH 与土壤有机质或黏土含量呈显著正相关。土壤氧化还原条件影响蔬菜体内镉的累积量，淹水处理幼苗镉浓度明显低于非淹水处理，镉浓度、土壤 pH 和黏土矿物含量对生菜的镉积累有较大的影响；镉浓度、土壤 pH 和阳离子交换能力对菠菜镉积累量影响较大。

蔬菜对土壤中不同形态镉的吸收能力具有较大差异。为了确定土壤中重金属的相对有效性，将土壤中存在的重金属分为 5 种地球化学形态：水溶态和可交换态、碳酸盐结合态、铁锰氧化物结合态、有机质结合态和残渣态。水溶态和可交换态被认为是最有效的组分；与碳酸盐、氧化物和有机物结合的组分被认为是在不断变化的条件下潜在的生物可利用成分；而残渣态则是最稳定的存在形式，这些成分往往无法被植物或微生物利用。同时大量的研究将土壤中容易被植物吸收的重金属形态称为有效态。郭利敏等（2010）研究认为土施碱性改良剂能够提高土壤 pH，降低土壤中有效镉含量，从而抑制小白菜吸收土壤镉。丁永祯等（2011）的大田试验亦表明，土施生物炭和鸡粪能通过改变土壤中镉形态，使土壤镉由蔬菜利用度高的可交换态向难利用的有机结合态和残渣态转变。植物蒸腾速率、水肥管理措施、土壤营养状况、根际微生物、气温光照条件等各种环境因子都会对蔬菜吸收土壤镉产生不同水平的影响，而这些影响因素的调控也为中轻度污染菜田土壤的蔬菜安全生产提供了可能。

（三）不同叶类蔬菜对镉吸收能力比较及低吸收作物田间应用技术

高鑫等（2018）于河北省青县开展的不同作物对镉吸收能力比较结果为例：2 个镉污染水平（0.76mg/kg、0.38mg/kg），依据《温室蔬菜产地环境质量评价标准》（HJ 333—2006）（当土壤 pH=7.5 时土壤总镉含量限值为 0.4mg/kg），两个供试土壤的镉污染水平分别属于尚清洁和超标等级，64 种不同叶类蔬菜品种，3 次重复。各小区施肥、水分等保持相同管理水平。叶类蔬菜品种的选择主要基于京津冀区域设施大棚目前正在种植的主要蔬菜品种。研究表明，不同叶类蔬菜对镉的富集能力存在较大差异，最高相差约 100 倍。虽然所选叶类蔬菜对 Cd 吸收量均低于食品安全国家标准（0.2mg/kg 鲜重计），但亦表现了较大的累积风险，大量食用亦会对人体健康产生影响。不同品种比较来看，特选板叶茼蒿、优选光杆茼蒿、翠英256、汉斯205-紫玉、极旱三十日等对 Cd 的吸收量相对更低，而紫油麦菜、芝麻菜等对 Cd 的累积风险相对较高。基于目前已有结果，建议在镉污染严重的设施大棚内采用种植替代，种植瓜果类蔬菜可有效地阻控镉在农产品中的累积，显著降低农产品污染风险。

三、设施蔬菜农艺调控技术

设施蔬菜农艺调控技术即针对重金属污染的设施农田，通过采取合理施肥、深翻、间套作、填闲作物栽培等农艺技术，有效降低农产品中重金属含量，并使之符合国家食品卫生相关标准。总体来看，采用农艺调控技术具有投资少、时效长、操作简单等优点，可以从源头防止肥料的不合理应用造成的土壤重金属污染，提高作物水分、养分的利用效率，提升产量和品质，提升增效效果显著。在我国城市化和工业化快速发展、人口刚性增长、耕地面积持续减少的背景下，农业集约化程度不断提高。农药和化肥的大量使用极大地提高了作物产量，但农业化学品的大量投入、有机肥的不合理施用等也导致了土壤环境质量的下降。土壤是农业发展、基本生态系统功能和粮食安全的基础，也是维持地球上生命的关键。土壤在粮食安全、水安全、能源安全、减缓生物多样性丧失及气候变化等方面都起着重要作用，所以在土壤污染问题日益突出的今天，对污染土壤的科学管理显得尤为重要。科学、有效、简便、具有良好可操作性的管控措施，是土壤污染防治的核心内容。

（一）种植结构调整

自然界中蔬菜作物种类繁多，不同种类蔬菜对重金属元素的吸收富集有明显差异，即使同种蔬菜的不同品种其重金属的富集也有明显的差异。蔬菜对镉的累积规律一般是叶菜类＞根茎类＞茄果类＞豆类，在重金属镉污染的菜田应尽量避免种植叶菜类蔬菜，可以优先选择低累积的茄果类和豆类蔬菜，如若种植叶菜时也要重点检测镉对蔬菜的污染。根据蔬菜种类较多而且各种蔬菜的重金属富集强弱不一的特点，合理安排轮作种植，减少重金属进入食物链。通过蔬菜种类选择和轮作，不仅可以降低蔬菜中重金属的含量，同时还可以明显提高蔬菜产量。

（二）低累积品种筛选

蔬菜对重金属的积累不仅存在种间差异，同时存在种内差异，即同种蔬菜的不同品种对重金属的积累能力不尽相同。因此，通过充分挖掘蔬菜自身的遗传潜力，筛选出低积累重金属的蔬菜品种，对重金属污染土壤的蔬菜安全生产，保障人类健康具有重要的意义。基于品种间重金属的富集差异特性，通过筛选低积累蔬菜来降低其对重金属的富集是可行的。依赖于蔬菜对重金属积累能力的种内差异，低累积品种即便种植于污染环境中，其可食部位积累的特定污染物含量仍低于食品卫生标准，可以满足安全食用和消费，实现对重金属低积累作物品种的筛选，并在重金属中轻度污染的地区种植，以此保证农产品的安全生产。

前人已经做了很多关于植物积累重金属的土壤向植物转移因子的工作。不同种类植物和同种类不同品种植物重金属的积累也得到认识。重金属的积累在很多农作物种类和品种中都很显著，叶菜类重金属主要累积在叶片，根茎蔬菜的主根不仅是渗透器官还是被土壤包围的功能器官，可能有一个不同于叶菜类和茄果类的特殊吸收路径。选择食用部分低积累重金属的蔬菜品种，是一种有效的经济可行的栽培措施。

（三）施肥管理

肥料与重金属的交互作用比较复杂，引起土壤重金属生物有效性的变化机制也难明确。例如，有机肥对重金属生物有效性的影响依赖于有机肥的性质，金属可能与有机组分生成可溶的或不可溶的金属－有机络合物，导致重金属生物有效性明显差异。

1.氮肥管理

虽然氮肥的施用不会造成土壤中重金属含量的显著升高，但是氮肥的施用可能会增加土壤中镉的活性并增加植物中镉的含量，肥料的施用可能会影响土壤中镉的形态和配合，从而影响重金属镉向植物根系的迁移和植物的吸收。氮素的供应形态对其他营养元素的吸收及阴阳离子的平衡起着重要的作用，两种形态的氮素供应对阴阳离子的吸收、对外界 pH 的变化均有不同的影响。当供应铵态氮时，植物释放的 H^+ 进入根际使根际 pH 降低；供应硝态氮时，植物吸收的阴离子大于阳离子，植物释放 HCO_3^- 或 OH^- 进入根际使 pH 升高。许多试验表明，植物根系吸收铵态氮时，介质（土壤或培养液）的 pH 下降，而吸收硝态氮时，介质 pH 上升，pH 的降低可明显影响土壤中镉的可溶性和对植物的有效性。因此，在实际生产中，应严格控制氮肥的施用量。

2. 磷肥管理

磷肥对土壤吸附重金属的作用研究结果不尽相同。磷酸盐稳定重金属的反应机理复杂，主要分为 3 类：磷酸盐诱导重金属吸附；磷酸盐与重金属产生沉淀或矿物；磷酸盐表面直接吸附重金属。然而，如果施用磷酸钙镁肥料，磷肥带入的 Ca^{2+} 和 Mg^{2+} 会与重金属离子竞争性吸附，抑制土壤对重金属的吸附，从而活化土壤重金属。化肥的施用引起土壤性质的变化同样会影响土壤中镉的化学形态及生物有效性。磷肥的施用可能会减弱土壤中重金属的有效性和移动性，主要是磷酸盐的添加会减少土壤中正电荷，从而促进了土壤吸附金属离子的能力。磷的施用可明显降低土壤中水溶性和可交换态镉的含量，而专性吸附态镉的含量明显增加。磷肥以及磷酸钾是固定土壤中镉有效的稳定剂，磷肥对土壤重金属的作用与土壤性质和肥料种类有着密切的关系。在重金属污染的菜田使用磷肥需要综合考虑污染程度、土壤类型、养分条件、蔬菜种类等，以降低重金属在蔬菜体系的迁移。

3. 有机肥管理

蔬菜地是畜禽粪便有机肥的主要施用农田，畜禽粪便有机肥可以为作物提供养分，并能改良土壤和提高农产品品质。但由于矿物质和饲料添加剂的普遍使用，集约化养殖场的畜禽粪便中重金属对环境和农产品质量安全的潜在危害也越来越受到人们的关注，在畜禽粪便有机肥施用量高的地区，畜禽粪便的施用已经成为农田土壤重金属污染的重要来源。长期施用重金属含量超标的畜禽粪便有机肥会造成土壤中重金属含量和农产品中重金属含量超标。但有机肥本身也能作为修复改良剂用于重金属污染土壤的修复改良。猪粪能作为钝化剂降低土壤中 Cd、Cu 的移动性。施用有机肥料后土壤有效 Cd 降低了 5%~15%，猪粪的效果好于麦秆和稻草，施用有机肥后土壤交换态 Cd 减少，锰结合态 Cd 增加，土壤 Cd 有效性降低（张亚丽等，2001）。畜禽粪便中重金属在农田土壤中的环境行为和生物有效性受到有机肥本身在土壤中转化过程进程及产物的强烈影响，不同的研究结果存在较大差异，这种差异与畜禽粪便在不同土壤中所处的转化进程有密切关系。因此，在使用有机肥钝化土壤重金属时，需要综合考虑土壤因素和环境因素。

我国是人多地少的国家，相当长的一段时间里，我国经济和社会发展必须面对人多地少、人增地减的现实情况，对农产品需求的增长是刚性的，要充分利用每一寸土地进行农业生产。因此，对于重金属污染土壤的治理需要寻找一种适合我国国情的措施，将治理和利用相结合，减少重金属由土壤向农产品的转移显得非常重要。

我国设施土壤的重金属污染，已成为土壤、蔬菜与人类安全最关注的问题之一。重金属难以降解，治理土壤重金属污染只能移除或者降低其有效性。土壤重金属移除的方法有客土、植物修复和土壤淋洗等方法。根据植物对重金属吸收的差异特性以及影响土壤重金属有效性的土壤因素，降低土壤重金属有效性有 4 类：筛选低重金属吸收能力的品种种植；降低土壤重金属有效性的适时水分管理方法；降低土壤重金属有效性的土壤调理剂施用方法；通过植物体内的离子颉颃或者络合固定，阻碍已经进入作物体内的重金属进一步迁移到籽实部位的叶面喷施方法，以及施用一些认为有降低重金属有效性的微生物添加剂的方法。这些农艺调控措施统称为"VIP

（品种筛选 Variety+ 灌溉 Irrigation+pH 值调控）+n（叶面喷施、微生物技术等）"（张桃林，2015）。主要是通过控制土壤水分、合理施肥和改变作物种类等方法钝化重金属，降低其生物活性，具有费用低、操作简单等优点，这些农业调控技术适用于中、轻度污染土壤的治理。在进行重金属污染修复前，要对土壤性质、土壤污染特征进行深入了解，考虑土壤污染的高度不均匀性，对农业生产的影响，选择合适的技术手段解决设施土壤重金属污染问题。

主要参考文献

蔡立梅，王秋爽，罗杰，等，2018. 湖北大冶铜绿山矿区蔬菜重金属污染特征及健康风险研究 [J]. 长江流域资源与环境，27（4）：873-881.

丁永祯，宋正国，唐世荣，等，2011. 大田条件下不同钝化剂对空心菜吸收镉的影响及机理 [J]. 生态环境学报，20（11）：1 758-1 763.

方华为，2011. 不同品种蔬菜对镉的吸收及根系形态特征研究 [D]. 武汉：华中农业大学.

高鑫，颜蒙蒙，曾希柏，等，2018. 京津冀地区设施土壤中不同蔬菜对镉的累积特征 [J]. 农业环境科学学报（11）：2 541-2 548.

郭利敏，艾绍英，唐明灯，等，2010. 不同改良剂对镉污染土壤中小白菜吸收镉的影响 [J]. 中国生态农业学报，18（3）：654-658.

韩峰，高雪，陈海燕，2014. 不同种类蔬菜对土壤重金属的富集差异 [J]. 贵州农业科学，42（6）：129-132.

黄雅曦，李季，李国学，等，2008. 钝化剂对重金属的吸附及其吸附机理的研究 [J]. 东北农业大学学报（8）：53-58.

贾丽，乔玉辉，陈清，等，2020. 我国设施菜田土壤重金属含量特征与影响因素 [J]. 农业环境科学学报，39（2）：263-274.

李明德，肖汉乾，余崇祥，等，2005. 湖南烟区土壤中、微量元素状况及施肥效应研究 [J]. 中国烟草科学（1）：25-27.

李玉，2018. 污泥堆肥用于矿山生态恢复中重金属的释放及迁移 [D]. 沈阳：沈阳航空航天大学.

厉曙光，陈莉莉，陈波，2014. 我国2004—2012年媒体曝光食品安全事件分析 [J]. 中国食品学报，14（3）：1-8.

林志灵，2013. 钝化剂和营养调控对高砷土壤中作物吸收砷的影响 [D]. 长沙：湖南农业大学.

欧阳喜辉，赵玉杰，刘凤枝，等，2008. 不同种类蔬菜对土壤镉吸收能力的研究 [J]. 农业环境科学学报（1）：67-70.

王萍，2017. 不同钝化剂对重金属污染土壤长期稳定化效果研究 [D]. 杨凌：西北农林科技大学.

王长伟，2010. 粘土矿物对重金属污染土壤钝化修复效应研究 [D]. 天津：天津理工大学.

王哲，宓展盛，郑春丽，等，2019. 生物炭对矿区土壤重金属有效性及形态的影响 [J]. 化工进展，38（6）：2 977-2 985.

张茜，徐明岗，张文菊，等，2008. 磷酸盐和石灰对污染红壤与黄泥土中重金属铜锌的钝化作用 [J]. 生态环境（3）：1 037-1 041.

张桃林，2015. 科学认识和防治耕地土壤重金属污染 [J]. 土壤，47（3）：435-439.

张亚丽，沈其荣，王兴兵，等，2002. 猪粪和稻草对铬污染黄泥土生物活性的影响 [J]. 植物营养与肥料学报（4）：488-492.

（执笔人：张　舟、高宝林）

第六章　设施菜田污染修复专用有机肥料

设施菜田污染的原因之一是有机肥料质量问题及不当施用。因此，设施菜田污染修复的重要材料是专用优质有机肥料。基于此，本章从有机肥料限量施用和功能有机肥料特征、应用方面阐述专用有机肥料在设施菜田污染修复中的探索，旨在为菜田污染改良提供科学支撑。

第一节　有机肥料种类与特点

一、有机肥料概念

有机肥是指以各种动物废弃物（动物粪便、动物制品废弃物）和植物残体（落叶、农作物秸秆、枯枝）等富含有机物的物质为原料，采用物理、化学、生物的处理技术，经过堆制、高温、厌氧等发酵腐熟加工工艺后，消除其中的有害物质（病虫卵害、病原菌、杂草种籽等）达到无害化标准而形成的，符合国家农业行业标准《有机肥料》（NY 525—2012）及法规的一类肥料。有机肥料大多为褐色或灰褐色，粒状或粉状，无杂质和恶臭。相关技术指标要求可参照有机肥和生物有机肥产品技术指标要求（表6-1、表6-2）。广义上的有机肥料俗称农家肥，包括以各种动物、植物残体或代谢物组成，如人畜粪便、秸秆、动物残体、屠宰场废弃物等。主要是以供应有机物质为手段，借此来改善土壤理化性能，促进植物生长及土壤生态系统的循环。

表 6-1　有机肥产品技术指标（NY 525—2012）

项　目	技术指标
有机质（以干基计）（%）	≥ 45
总养分（$N+P_2O_5+K_2O$）（以干基计）（%）	≥ 5.0
水分（鲜样）（%）	≤ 30
pH	5.5~8.5

表 6-2　生物有机肥产品技术指标要求（NY 884—2012）

项　目	技术指标
有效活菌数（cfu）（亿/g）	≥ 0.20
有机质（以干基计）（%）	≥ 40.0
水分（%）	≤ 30.0
pH	5.5~8.5
粪大肠杆菌群数（个/g）	≤ 100
蛔虫卵死亡率（%）	≥ 95
有效期（月）	≥ 6

二、有机肥料种类与有效性

有机肥料的原料来源广泛，基本上含有有机质并能提供养分的资源、物料均可以作为有机肥料的原料。因此，有机肥料的种类繁多，我国自古就开始生产有机肥料，积淀了许多生产有机肥的经验技术，形成了许多有机肥料分类方法，但没有一个国家标准对有机肥料进行系统性的分类。

通常会将有机肥料分为：粪尿肥，包括人粪尿、家畜粪尿、禽粪；堆沤肥类，包括堆肥、沤肥、秸秆还田及沼气发酵肥等；饼肥类，包括大豆饼、花生饼、菜籽饼和茶籽饼等；泥炭类，又称草炭，含有较多的腐植酸，可用于制造腐植酸铵、硝基腐植酸铵、腐植酸钠等腐植酸肥料；泥土类，包括塘泥、湖泥、河泥、老墙土、坑土等；城镇废弃物类，包括生活污水、工业污水、屠宰场废弃物、垃圾和各种有机废弃物等；杂肥类，包括皮屑、蹄角、海肥、蚕粪等。具体见表6-3（全国农业技术推广服务中心，1999）。

表6-3 中国有机肥料分类

类 别	品 种
粪尿类	人粪尿，人粪，人尿，猪粪，猪粪尿，马粪，马粪尿，牛粪，牛粪尿，驴粪，驴粪尿，羊粪，羊粪尿，兔粪，鸡粪，鸭粪，鹅粪，鸽粪，蚕沙，狗粪，鹌鹑粪，貂粪，猴粪，大象粪，蝙蝠粪等
堆厩肥类	堆肥，草塘泥，困肥，猪圈肥，马厩肥，牛栏粪，骡圈肥，驴圈肥，羊圈肥，兔窝肥，鸡窝粪，棚粪，鸭棚粪，土粪等
秸秆肥类	水稻秸秆，小麦秸秆，大麦秸秆，玉米秸秆，荞麦秸秆，大豆秸秆，油菜秸秆，花生秆，高粱秸，谷子秸秆，棉花秆，马铃薯藤，烟草秆，辣椒秆，番茄秆，向日葵秆，西瓜藤，甜瓜藤，草莓秧，麻秆，冬瓜藤，南瓜藤，绿豆秆，豌豆秆，胡豆秆，香蕉茎叶，甘蔗茎叶，洋葱茎叶，芋头茎叶，黄瓜藤，芝麻秆等
绿肥类	紫云英，苕子，金花菜，紫花苜蓿，草木犀，豌豆，箭筈豌豆，蚕豆，萝卜菜，油菜，田菁，猪尿豆，绿豆，虮豆，泥豆，紫穗槐，三叶草，沙打旺，满江红，水花生，水浮莲，水葫芦，蒿草，苦刺，金尖菊，山杜鹃，黄荆，马桑，扁荚，山蚂豆，粒粒苋，小葵子，黑麦草，印尼大绿豆，络麻叶，空心莲子草，山青，葛藤，红豆草，茅草，含羞草，马豆草，松毛，蕨菜，合欢，马樱花，大狼毒，麻栋叶，绊牛草，鸡豌豆，菜豆，苊藤，薄荷，野烟，麻柳，山毛豆，秧青，无芒雀麦，橡胶叶，稗草，狼尾草，红麻，杷豆，竹豆，过河草，串叶，松香草，苍耳，小飞蓬，野扫帚，多变小冠花，大豆，飞机草等
土杂肥类	草木灰，泥肥，肥土，烟筒灰，焦泥灰，屠宰场废弃物堆肥，熟食废弃物堆肥，蔬菜废弃物堆肥，酒渣，粉渣，豆腐渣，醋渣，味精渣，糖粕，食用菌渣，酱渣，磷脂肥，药渣，羽毛渣，骨粉，尿灰，杂茨，烟厂渣等

（续表）

类 别	品 种
饼肥类	豆饼，菜籽饼，花生饼，芝麻饼，茶籽饼，桐籽饼，棉籽饼，柏籽饼，葵花籽饼，胡麻饼，烟籽饼，兰花籽饼，线麻籽饼等
海肥类	鱼类，鱼杂类，虾类，虾杂类，贝类，贝杂类，海藻类，植物性海肥，动物性海肥等
腐植酸类	褐煤，风化煤，腐植酸钠，腐植酸钾，腐混肥，腐植酸，草炭，草甸土等
农业城镇废弃物	城市垃圾，生物污水，粉煤灰，钢渣，工业废水，污泥，工业废渣，肌醇渣，生活污泥，糠醛渣等
沼气肥	沼液，沼渣

　　由于有机肥料的养分组成和含量（表6-4）、施用方式、土壤性质、气候和作物等条件的不同，有机肥料在土壤中能发挥的养分效果是有差异的。肥料利用率是作物所能吸收肥料养分的比率，用以反映肥料的利用程度。一般而言，肥料利用率越高，技术经济效果就越大，其经济效益也就越大。有研究表明（陈贵等，2018），施用猪粪和牛粪处理，水稻的氮生理利用效率分别为42kg/kg和58kg/kg，对钾的生理利用效率分别为51kg/kg和78kg/kg，而对磷的则分别为140kg/kg和151kg/kg，有机肥料配施对化肥利用率的提高有重要作用，其养分的释放和利用则与有机肥料施用后在土壤中的矿化和腐殖化过程息息相关。

　　矿化过程是将有机材料中的复杂有机物逐渐分解为简单化合物，最后完全分解为 CO_2、H_2O 和矿质营养元素（N、P、K、Ca、Mg 等）的过程。腐殖化过程是在土壤微生物及其功能酶的作用下，利用有机物分解或矿化过程生成的中间产物合成为更复杂的有机化合物并逐渐形成腐殖质。

表6-4 我国2009年不同有机废物的养分量

单位：×10⁶t，干重

类型	碳（C）	氮（N）	磷（P）	钾（K）
作物秸秆	293.00	6.80	2.10	12.40
水稻秸秆	82.40	1.80	0.60	4.50
玉米秸秆	80.10	1.70	0.60	2.60
小麦秸秆	62.90	1.00	0.30	2.00
油料作物秸秆	28.10	0.70	0.20	1.30
薯类秸秆	8.50	0.60	0.10	1.00
豆类秸秆	8.10	0.50	0.10	0.40
其他作物秸秆	23.40	0.50	0.20	0.70
畜禽粪便	240.30	12.90	3.10	10.30
肉鸡粪	8.00	0.50	0.20	0.40
蛋鸡粪	23.50	1.50	0.20	0.90
羊粪	51.90	2.60	0.50	1.40
奶牛粪	18.10	0.80	0.20	0.80
肉牛粪	26.90	1.30	0.20	1.20
役用牛粪	72.60	4.00	0.70	4.30
猪粪	39.40	2.20	0.80	1.40
城市有机垃圾	20.60	0.30	0.20	1.20
城市生活污泥	1.00	0.10	0.10	0.03
总量	555.00	20.10	5.40	23.90

资料来源：贾伟，2014。

矿化过程为植物和微生物提供养分和活动能量，可以直接或间接地影响土壤性质，并提供合成腐殖质的物质来源。土壤腐殖质的形成一般分为两个阶段：第一阶段，微生物将有机残体分解并转化为较简单的有机化合物，一部分在转化为矿化作用最终产物时，微生物本身的生命活动又产生再合成产物和代谢产物；第二阶段，再合成芳香族物质和含氮的蛋白质类物质，并逐步缩合成腐殖质分子。腐殖质呈黑褐色凝胶状，是分子量大、具有多种有机酸根离子、非均质的无定型的缩聚产物。在一定条件下，可与矿物质胶体结合为有机无机复合胶体。腐殖质在一定的条件下也会矿质化、分解，但其分解比较缓慢，是土壤有机质中最稳定的成分。

有机肥料在好气条件下降解速度快，分解彻底，放出大量的热能，不产生有毒物质；而在嫌气条件下的矿化过程速度慢，分解不彻底，释放能量少，其分解产物除二氧化碳、水和矿质养分外，还会产生还原性的有毒物质，如甲烷、硫化氢等。旱地土壤中有机质一般以好气性分解为主，水稻田则以嫌气性分解为主，只有在稻田进行排水晒田、冬种旱作时，才转为以好气性为主的分解过程（江春玉等，2014）。农田过量施入有机肥料，导致农田氮磷流失，可能会对水体造成富营养化的风险。有机肥料施入农田后增加土壤氮磷素流失风险，有机肥氮磷流失及其对面源污染的影响已受到广泛关注，英国洛桑试验站长期定位试验的监测结果表明，有机肥料的施用会导致土壤中硝态氮的积累，增加向水体淋失的风险。随后，大量的研究表明，过量有机肥料的施用会直接导致硝态氮和磷在土壤中的积累，并且随着施肥年限的增加而积累加剧，增加向水体的淋失。相关研究报道显示，有机肥料的施用是导致农田磷径流流失的直接原因之一，不间断地施入有机肥料将导致磷素在土壤剖面不断累积，当土壤对磷的吸附能力到达一定程度后，将导致磷元素的淋溶风险，导致地表水及地下水中磷元素含量的上升。

有机物料的矿化过程即其供应养分的过程。至一定时间后，如物料、水、热条件适宜，则在矿质化减弱的同时，腐殖化过程将逐渐增强，产生主要起改善土壤理化性状作用的腐殖物质（徐佳路等，2012）。后一过程由于产物数量较少，仍是大分子碳的有机物，故干物质量不会继续明显减少，也较难从有机物料的外观或田间作物长势上显示出来。易分解的有机物料，如新鲜绿肥、湿润的饼肥，其矿质化很快，供肥作用十分明显；而氮含量低、C/N 比高、纤维素等多糖含量高的作物秸秆，早期的矿质化和供肥作用较慢、较小，甚至有时须配施氮肥，但秸秆有机肥在一段时间以后因其腐殖化作用较旺盛，能逐渐体现出较好的改良土壤作用。因此，不是所有的有机肥料都具有相同的供肥和改土作用，可能遵循快—慢—快—慢的过程，先是易溶性的氮释放，后是难溶性氮释放，同时也可能转化为有机质。铵态氮和硝态氮均是土壤、有机肥料和蔬菜残体净矿化的产物（贾伟等，2013）。

不同种类有机肥料，由于其氮素养分矿化情况存在差异，导致其施入土壤后，土壤氮素有效性不同，且长期施用有机肥料以及化学肥料会使土壤有效氮值大大提高。土壤 pH 是控制磷素有效性的关键因素之一。施用家禽粪便可使石灰性土壤的 pH 显著降低（Yan et al.，2018），有益于土壤稳定磷素的释放。此外，有机质的分解会释放大量的 CO_2，溶解在水中后形成碳酸，并导致某些主要矿物质的分解使营养物质释放。适当的有机肥料施入比例能显著提高作物水氮利用效率，轻度盐渍土表现出随有机肥料施入比例增大玉米水氮利用效率呈先升后降的趋势，中度盐渍土表现出随有机肥料施入比例增大玉米水氮利用效率逐渐升高的趋势（周慧等，2020）。因此，有机无机配施是发挥肥料养分利用的有效方式，这种部分替代施用在改善土壤理化性质、提升土壤肥力和肥料利用率等方面有促进效果。在种植系统的基础上，使用不同水平的有机肥和化肥来研究土壤理化特性的改善。集约化耕作制度会导致表层土壤大量元素氮磷钾累积，而微量元素缺乏，有机无机配施可以在一定程度上缓解此现象。普通化肥单施减少了土壤中残留的大量常量和微量营养元素的浓度，而有机无机配施可在很大程度上帮助土壤中大量和微量营养元素的转化和保存（李燕青等，2017）。

有机无机配施条件下，土壤的容重会发生显著变化。有研究表明，连续施用无机和有机肥料后，表层土壤样品的土壤颗粒密度保持不变，在有机无机配施后，土壤颗粒的密度略有下降（王仁杰等，2015），这有利于增加土壤的疏松程度。此外，有机无机配施还可以降低土壤电导率（陈猛猛等，2019），这有利于缓解土壤盐渍化，进而提高作物的产量。通过25年定位试验，纪元清（2018）研究了在等养分投入下，有机无机配施对红壤稻田水稻产量和土壤肥力的影响。结果表明，高比例化肥处理能迅速增产，但增产趋势随时间的延续先增加再降低，高比例有机肥处理开始增产幅度较小，甚至低于化肥处理，但随着时间的延续增产幅度明显增加。因此，有机肥肥力释放的缓慢性、持续性以及培肥地力的优势有利于土壤的修复与可持续利用（侯红乾等，2011）。

三、有机肥料特点

有机肥种类丰富，肥料性质和作用也有所差异，但与其他肥料相比有其自身独特的优势和作用。

第一，有机肥营养元素齐全、营养丰富，可替代化肥施用，一定程度上缓解由于化肥施用过量导致的土壤酸化和盐渍化等问题。有机肥料的养分释放均匀且时效长，大多可以通过微生物转化为植物体可以吸收利用的形态，能充分挖掘、发挥设施土壤的养分潜力，维持设施土壤的生态效益（贾伟等，2014）。有机肥料含有作物生长必需的16种营养元素，并会添加其他有益植物生长的微量元素和矿物质，全面保障植物生长所需。与化肥相比，生物有机肥能够有效改良土壤、防止土壤板结，起到修复设施土壤的作用。

第二，生物有机肥可以提高作物品质，提高植物对病虫害的抵抗力，改善作物根际微生物群，有利于提高化肥的利用率。有机肥在好氧堆肥过程中，其中丰富的有机质会在土壤微生物的分解作用下变成土壤必需的腐殖质。腐殖质具有适度的附着力，可使黏土松散，它是形成团聚体结构的良好"水泥"，对改善土壤结构和提高土壤肥力有很大的作用。有机肥料良好的孔隙条件为土壤、水、肥料、气体和热量的协作创造了良好的条件。肥料本身的一些小孔经常充满空气，而持水孔经常充满水，这就协调了土壤中水和空气之间的矛盾，因此由水和空气产生的土壤的热容量较为适中，从而使土壤温度稳定，适合厌氧微生物的活动，而且有机物分解缓慢也有利于土壤中腐殖质的合成，促进土壤养分的积累，对一些退化的土壤有一定的修复作用（图6-1）。

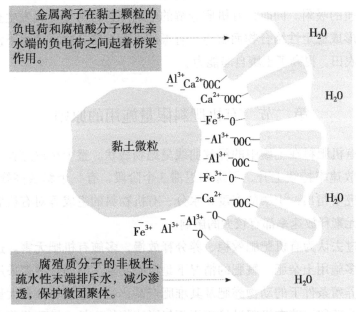

图6-1　腐殖质分子和黏土颗粒之间形成的复合物的概念图

第三，有机肥完全腐熟，虫卵死亡率达到95%以上且肥料成品无臭、施用方便、均匀，非常符合设施农业产业化、规范化的需求。有机肥料既具有良好的保水性，又有较好的排水性。因此能缓和土壤干湿之差，使作物根部土壤环境保持水分均衡的状态。

第四，有机肥料完全腐熟，不烧根也不烂苗，且肥料成品中添加了有益菌形成生物有机肥，使用生物有机肥会减少病害发生。有机肥料是微生物取得能量和养分的主要来源，施用有机肥料，有利于土壤微生物活动，促进作物生长发育。微生物在生长代谢的周期过程中，不仅释放氮磷等营养元素，还能产生谷氨酰胺、脯氨酸等多种氨基酸和维生素，以及细胞分裂素、植物生长素、赤霉素等植物生长激素，少量的维生素与植物激素就可给作物的生长发育带来巨大影响（张强等，2018）。同时，有机肥料在土壤中有一定的解毒效果，其原因在于有机肥料能提高土壤阳离子代换量，增加土壤对重金属的吸附。同时，有机质分解的中间产物可与重金属发生螯合作用形成稳定性络合物而解毒，有毒的可溶性络合物可随水下渗或排出农田，提高了土壤自净能力。

第二节　有机肥料限量施用的原则

有机肥料在土壤中的释放曲线呈抛物线状。整个释放过程可分为释放速率持续上升、下降和迟滞 3 个阶段，有一个释放高峰期。有研究者指出，土壤的温度、水分、有机物料的组成等对有机肥料营养元素释放速率都有较大的影响。

过去认为有机肥肥效稳、养分释放慢，多施有机肥无害。这在过去多施用土杂肥、厩肥的情况下是没有问题。但如今更多采用集约化养殖条件下的动物粪肥及其堆肥产品，由于速效养分和大量有害成分残留，若有机肥过量施用不仅影响作物生长，导致蔬菜产量和品质降低，同时造成资源浪费，带来硝酸盐污染及水体富营养化等一系列环境问题。因此，掌握适量施用有机肥料和有机无机配比是有机肥施用的首要原则。

一、控制氮磷养分总量

目前国际上对于有机肥料投入量的确定，主要有两大限制规定：第一，是以欧盟为代表的基于氮含量进行有机肥用量推荐；第二，是以瑞典为代表的基于磷含量进行有机肥用量推荐。欧洲《有机农业和有机农产品与有机食品标志法案》在植物生产规程中对有机肥的施用明确规定，包括动物源的厩肥、堆肥和尿粪须先堆肥腐熟再翻埋，企业整体使用的肥料量农用土地每年不允许超过 170kg N/hm^2，只有当轮作中的固氮植物、绿肥植物和深根植物及有机农业动物源有机肥不能满足植物营养时，才可补充施用符合该法的其他有机肥料和矿质肥料。

联合国粮农组织推荐有机肥料施用目标产量法，根据应施纯氮量，按照有机氮与无机氮之比为 1:（0.4~1）时产量最高的原则分别确定有机肥料与化肥的施用量。然后按"应施有机肥料量＝应施有机氮量 /（有机肥料氮素含量 × 当季利用率）"公式计算。

美国有机肥料的推荐以内布拉斯加州为代表，一般以作物所需氮量确定有机肥的量，但是当土壤中磷含量超过 50mg/kg 时，为避免磷素累积的环境风险应减少有机肥料施入量。我国目前还没有相关的条例规定。根据我国有机肥料投入的习惯和蔬菜生产特点，目前建议设施蔬菜生产每季通过有机肥料带入的总氮数量以不超过 200kg N/hm^2 为宜，露地蔬菜每季通过有机肥料带入的总氮数量以不超过 100kg N/hm^2 为宜，整个生育期氮素的供应目标根据蔬菜种类和目标产量的不同存在差异。一些欧盟成员国也采用了另一种不同的蔬菜氮肥计算系统，如图 6-2 所示（陈清等，2000）。

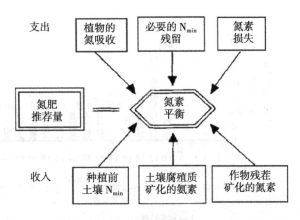

图 6-2　N-EXPERT 氮素专家推荐系统的 6 个模块

由于有机肥中氮和磷养分供应往往与蔬菜作物需求比例不同，例如，有机肥中 $N:P_2O_5:K_2O$ 的养分比例往往为 $1:1:1$，而蔬菜作物的 $N:P:K$ 需求比例一般为 $3:1:3$，如果以氮为标准进行推荐，通常情况下会存在磷素过量投入的问题，造成菜田土壤磷和钾素养分累积。

"以氮定量"和"以磷定量"两大策略在有机肥定量化管理和控制氮磷污染方面都起到了积极作用。如果长期以维持土壤氮水平为基准施肥则磷养分必然会在土壤中积累达到较高水平；若以磷为依据，则可能需额外补充化肥氮。考虑到生产高效，有机肥施用于新菜田应遵循"以氮定量"原则，而施用于土壤有效磷过量累积的老菜田则应遵循"以磷定量"原则，来控制有机肥料中的磷素投入，根据不同有机肥料的氮磷释放特点的差异，可搭配施用不同比例和类型有机肥料，以满足作物主要生育期的养分需求，减少环境污染的风险。

二、考虑有机肥供应条件下的氮素化肥的推荐策略

蔬菜种类多、产量水平差异大，各种蔬菜作物在不同生长时期养分的吸收速率存在明显的不同，而且要考虑不同季节土壤的供氮量。养分推荐策略的制定须考虑作物养分需求量和施肥关键时期（图 6-3）。

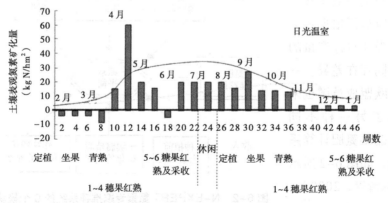

图 6-3　菜田土壤有机氮阶段矿化数量及供氮能力的季节性分析

以氮素为例，养分供应水平（土壤养分＋肥料养分）与作物产量的反应可描述为图6-4中的曲线，即随养分供应逐渐增加时，作物的产量和品质都大幅度的提高，但是继续增加养分供应，作物的产量没有继续增加，反而有下降的可能，作物品质指标也表现为下降。传统的养分管理是产量下降并显著影响收益时才控制肥料用量，而优质高产和高效的管理水平能满足作物高产、优质的氮素养分需求，同时不会带来环境污染，这是作物生产氮素供应的"最佳状态"。这种"最佳水平"意味着合理的养分供应水平——氮素供应目标值。与过去"最佳施氮量"不同，"氮素供应目标值"不仅反映了化学氮肥养分的贡献，也反映了其他来源的氮素养分对作物生长的贡献，这些有效的无机氮养分（铵态氮和硝态氮之和）来源于土壤残留、灌溉水或者土壤及有机氮肥的矿化，它们对作物同样都是有效的，作物根系不会更容易吸收来自化肥的无机氮。

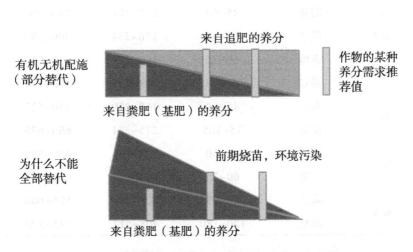

图6-4 完全施用有机肥在生产上无法实现养分高效的原因

影响氮素供应目标值的因素有以下3个：作物的氮素吸收量越高，相对应的目标值可能也越大；同样氮素吸收水平情况下，作物的生育期越长，存在的氮素损失可能性更多，氮素供应目标值也就相应增加；畦灌条件下氮素淋洗损失的风险远远高于合理的滴灌施肥条件，其他条件同样的情况下，畦灌生产条件下的氮素供应目标值明显高于滴灌条件。表6-5列出主要蔬菜作物的氮素供应目标值。

表6-5　蔬菜产量水平与相应的推荐氮素供应目标值

作物	露地/设施	目标产量（中高产）（t/hm²）	氮素带走量（kg N/hm²）	氮素供应目标值（kg N/hm²）
大白菜	露地	90~120	216~288	300~375
结球甘蓝	露地	60~90	237~356	300~375
花椰菜	露地	22~37	273~455	375~450
菠菜	露地	37~60	105~168	240~300
芹菜	露地	75~105	165~231	300~375
莴苣	露地	15~30	31~63	225~270
胡萝卜	露地	45~60	152~201	240~300
萝卜	露地	60~90	156~234	300~375
番茄	露地	60~75	146~182	450~525
	温室	90~120	218~288	500~675
茄子	露地	45~60	165~219	450~525
	温室	75~105	275~384	600~675
甜椒	露地	45~60	201~267	450~525
	温室	60~75	267~334	600~675
黄瓜	露地	60~75	204~255	525~600
	温室	120~180	408~512	475~800

上面的分析表明所有的可以提供给作物根系的土壤有效氮—无机氮都被视为对作物同等有效的，从资源高效和环境保护的角度出发，首先需要考虑来自土壤及环境中（如灌溉水中的氮素）的氮素供应，其次再考虑有机肥氮素矿化供应，最后则考虑是否需要化学

氮肥进行补充。计算公式如下：

氮肥推荐数量（kg N/hm²）= 氮素供应目标值

　　　　　　　　　　　　－ 播前（移栽前）根层土壤无机

　　　　　　　　　　　　－ 灌溉水中的硝态氮

　　　　　　　　　　　　－ 有机肥中的有效氮素　　　（式1）

以甘蓝为例（假定露地菜田通过有机肥投入的总氮数量为 100kg N/hm²，在整个季节中有 50% 矿化），在进行整个生育期的氮素推荐中，如果甘蓝的氮素带走量为 237kg N/hm²，按照式 1 的方法计算，氮素供应目标值为 300kg N/hm²；移栽前根层土壤无机氮为 45kg N/hm²；灌溉水中的硝态氮为 0kg N/hm²；有机肥中的有效氮素为 50kg N/hm²；那么整个生育期的氮肥推荐数量为 195kg N/hm²。考虑到稳产因素，可以增加 20~30kg N/hm² 的推荐数量，即以 215kg N/hm² 为宜。在氮肥施用的分配上可以采用少量多次的原则，如果在畦灌的条件下可分 3 次（定植前 30%、莲座期 30% 和结球前期 40%）分施，如果在微喷灌条件下可以采取 6~8 次进行分施。在甘蓝生长的整个生育期内也可以采取多次的推荐方法来精细调控根层氮素的供应水平。

在以氮素供应目标值推进氮肥供应策略时，可采取根层土壤无机氮快速多次测试的方法控制土壤无机氮水平，既保证不能低于一个阈值，维持蔬菜的正常生长、保证作物产量和品质，也要减少硝酸盐淋洗损失的风险。

同时，植物有效氮（PAN）也是确定有机肥使用量的因素之一，PAN 的公式计算如下：

$$PAN = N_{org} \times k_{min} + NH_4\text{-}N \times k_{vol} + NO_3\text{-}N \qquad （式2）$$

式中，PAN 是植物有效氮 [% N/kg 肥料]；N_{org} 是肥料的有机氮含量 [% N/kg 有机肥]；k_{min} 是有机氮矿化速率因子，取决于有机肥料的类型以及施用有机肥料后所考虑的时间段；NH$_4$-N 是肥料的铵态氮含量 [% N/kg 有机肥]；k$_{vol}$ 是氨气挥发系数（氨气挥发后残留的铵盐），取决于肥料的使用方法；NO$_3$-N 是肥料的硝酸盐氮含量 [% N/kg 有机肥]。

堆肥的第一年和长期 PAN 的有机氮矿化率因子分别为 0.10 和 0.15，污泥为 0.40 和 0.75。假定上清液的矿化速率因子与污泥的矿化速率因子相同，因为上清液的有机氮含量来自上清液中的悬浮固体，图 6-5 给出了有机肥中氮素随年份变化的残效。

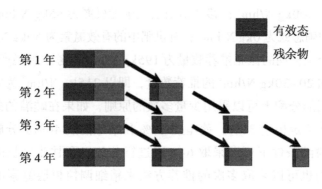

图 6-5 有机肥中氮素的残效

第三节　功能型有机肥料选择与应用

一、功能型有机肥料概念与分类

功能型有机肥料是一类以特定功能为导向，满足不同植物不同时期生长发育不同需求的某种功能肥料，如促根生长肥、改良土壤肥、膨果上色肥等；也可以是集多种功能为一体的肥料，如可以改良活化土壤的自带营养生物菌施肥，同时具有疏松土壤、生根壮苗、消灭有害病菌，提高肥料利用率，促进果实膨果上色，提高产量及品质的作用（陈清等，2014）。

土壤保水剂具有调节土壤水肥的功能，缓解和协调农业缺水、缺肥问题，可保持和提高土壤中水分、养分有效性；具改良功能的肥料主要有腐植酸肥料、膨润土肥料、沸石肥料、有机肥料等（王祺等，2017）。

功能肥的产生壮大标志着施肥理念正在发生重大转变。传统单质肥、复混（合）肥都是围绕养分做文章；后来逐渐出现的作物专用肥，着眼点在农作物本身，如表6-6列出了部分可作为液体水溶肥的原料；而目前功能肥的发展理念正在转向肥料与土壤生态环境的和谐（刘思汝等，2019），承载着保障耕地质量、农产品质量安全和农业可持续发展的重任。功能肥的兴起有着深刻的现实背景，一方面，以"节能、低碳、增效、绿色、生态、环保"为追求目标的现代农业对肥料发展提出了新要求；另一方面，市场竞争和肥料科技的飞跃又推动了功能肥产业不断壮大。

表6-6 适用于液体水溶性肥料的有机废弃物

原料种类	原料名称	主要来源
秸秆裂解液	稻秸、麦秸、玉米秸、油菜秸、棉花、黄豆秆、花生藤、红薯藤等	水稻、小麦、玉米、油菜、棉花、黄豆、花生、红薯
谷物发酵副产品	大米蛋白、氨基酸母液、糠醛尾液	薯类、小麦、大麦等富含淀粉的植物块根、大米、玉米芯、玉米秸秆
畜禽粪便	猪粪、牛粪、马粪、鸡粪、鸽粪、羊粪、兔粪、鹌鹑粪、蚯蚓粪、蚕沙等	好氧堆肥发酵产物的堆肥提取液
发酵产物		厌氧发酵产物的沼液浓缩液
食品加工业副产品	甘蔗滤泥/渣、甜菜滤泥、甘蔗渣、糖蜜发酵液	制糖工业副产品
	啤酒泥、麦芽粉、酒糟（粗、细）、酒糟渗滤液	啤酒工业副产品

（续表）

原料种类	原料名称	主要来源
	酱油渣	酱油厂副产品
	活性污泥、菌体蛋白、味精尾液	味精厂副产品
	酶解鱼蛋白、鱼蛋白浓缩液	鱼产品加工厂副产品
饼粕及其发酵产物	豆粕、花生粕、芝麻粕、棉籽粕、菜籽粕、蓖麻粕、葵花籽粕、胡麻粕	植物油加工副产品
制药工业副产品	西药药渣、中成药	西药、中成药加工副产品
	酶制剂废渣	酶制剂生产厂
沼气工程副产物	酒糟沼液、鸡粪沼液、猪粪沼液	啤酒工业副产品，养殖厂副产品
	酒糟、沼渣	啤酒工业副产品
好氧发酵产物	厨余堆肥、酒糟堆肥	餐余垃圾、蔬菜、园林废弃物；啤酒工业副产品
其他加工副产物	木醋液	杉木、松木、桃木等木材
	烟沫	卷烟厂下脚料
	海藻精	海藻提取物
	壳聚糖	深海雪蟹提取物

二、不同功能型有机肥料效用与应用

（一）土壤保水剂

保水缓控释肥料是集吸水、保水能力的高分子聚合物通过包膜具有肥效物质而制备的一种功能型肥料。在设施农业中，水和肥料的适当分配在保持土壤肥力、提高收成质量和增加产量方面起着重要作用。但是，挥发和浸出会损失大量肥料和水，这会增加农业成本并导致环境污染。因此，找到更好的技术来减缓水和肥料的释放非常重要。缓释肥料（slow available fertilizers，SRF）或控释肥料（control release fertilizers，CRF）是将营养物质缓慢释放到环境中的肥料。

如今，水凝胶和有机肥料的结合已成为保水控释肥料研究的最新趋势。这种组合产生的缓释肥料水凝胶（slow available fertilizer hydrogel，SRFH）主要用于改善植物营养并减少常规肥料对环境的影响，减少蒸发损失和灌溉频率。18 种 SRFH 通过吸收一些水分和养分来发挥作用。这可以被描述为"微型水库"，它通过渗透压差为植物提供水和养分。植物可以在较长的时间内获得水和肥料，从而提高了生产率和生长率。通过共混和原位聚合方法将水凝胶与肥料结合会导致较高的释放速率和"起爆效应"。当暴露于丙烯酸（acrylic acid，AA，最广泛用于制备水凝胶的单体）时，肥料也会分解。而且，源自肥料溶解的高离子浓度抑制了单体的聚合并降低了水凝胶的吸水率。天然多糖如壳聚糖、淀粉、纤维素、藻酸盐和木质素，是环境友好型水凝胶的生物可再生资源。目前，大多数市场上可以购得的水凝胶由石油基乙烯基单体（例如丙烯酸和丙烯酰胺）制成，因此它们很难降解且对环境不友好。由于环境保护和绿色化学的发展，开发新材料时要考虑到生物降解性。因此，可再生生物可降解聚合物的利用由于其可生物降解性和丰富的资源而备受关注，图 6-6 是以桑树树枝为原料制备尿素保水缓 / 控释肥料的过程（王赫等，2017）。纤维素是地球上最丰富的生物聚合物，得自可再生资源，例如棉花、小麦秸秆、木材、大麻和其他植物基材料。壳聚糖（chitosan，CS）是第二丰富的天然多糖。它是甲壳类动物外骨骼的主要成分，例如虾和蟹。壳聚糖由于其可降解性，丰富的性质和无毒性而被用于包括农业在内的许多领域中。淀粉是水凝胶生产中使用最广泛的多糖，已成为工业和学术研究的目标。它是仅次于纤维素的第二大生物聚合物，存在于木薯、玉米和马铃薯中。淀粉的优点是成本低，能够代替合成聚合物，有可塑性，易于化学修饰和良好的机械性能。

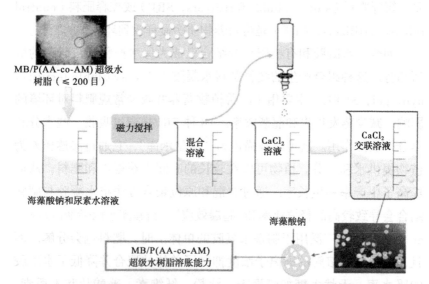

图6-6 以桑树树枝为原料制备尿素保水缓/控释肥料的过程

缓释肥料水凝胶在农业中最重要的应用是其保水能力或土壤保水性能的有效性（黄振瑞等，2015）。该特性对于证明缓释肥料水凝胶用作土壤调理剂以改善土壤质量和提高肥料效率非常重要。缓释肥料水凝胶的保水特性可以通过将干燥的缓释肥料水凝胶添加到土壤中并浇水来确定。土壤中的缓释肥料水凝胶吸收并保留水分，从而减少了由于排水和蒸发引起的水分流失。当土壤干燥时，缓释肥料水凝胶在渗透压差下释放储存的水。当土壤水分减少时，水凝胶中吸收的水会逐渐释放并被植物吸收。同时，截留在水凝胶中的营养也与水一起释放。因此，溶胀的水凝胶是植物的微型水库，这是优于其他常规肥料的特性。

生物降解性是开发新型缓释肥料水凝胶时要考虑的关键属性。水凝胶中无机材料和天然聚合物/纤维的存在不仅改善了它们的生物降解能力，而且还提高了吸水能力和控制肥料的释放。粗的和多孔的结构化水凝胶具有增加的表面积，可提供良好的保水性和缓慢释放的特性。两步法是最常用的制备缓释肥料水凝胶的方法，就地技术为生产缓释肥料水凝胶提供了经济优势。涂层型缓释肥料水凝胶上水凝胶外层的存在使其具有保水性和缓释性能。

（二）土壤改良肥料

在将有机材料转化为营养丰富的肥料和土壤调理剂方面，堆肥和有机改良肥料等已得到广泛认可。堆肥过程是有氧环境中有机废物的自发生物分解。同样，有机改良肥料也是一种有机废物分解过程；通过调节基质并改变其生物活性，进一步促使微生物对有机物的生化降解。一般来说，有机改良肥料比传统堆肥在物理、养分和生化方面都得到了改善，因为有机物的矿化速度加快了，通过有机改良堆肥可以得到更高的腐殖度（陈清，2014）。

通过将堆肥和有机改良肥料结合起来，可以将集成过程作为生物降解固体废物的一种选择。通常，堆肥和有机改良肥料之间的集成系统用于增强病原体控制并以比单个过程更快的速度生产有机肥料。该集成系统中的堆肥阶段可确保生产的肥料满足环保标准规定的消灭病原体的温度要求，而随后的有机改良肥料工艺则可降低颗粒大小并提高肥料的利用率，这是由肥料的活性所致。

过量使用化学肥料不仅会恶化土壤的物理和化学性质，还会污染周围的环境。例如，无机肥料的使用会导致养分的过度浸出和盐分诱导的植物胁迫。在大部分降水条件下，无机肥料对沙质土壤的沉着作用是无用的，因为大多数养分被快速浸出，对水产生污染。生物有机肥本身携带丰富有机质，施入土壤后还可通过微生物分解土壤中的有机质形成腐殖质，并与土壤中的黏土及钙离子结合形成有机－无机复合体，从而促进土壤水稳性团聚体结构的形成。

有机改良肥料中的有益细菌起到疏松土壤的作用，可以降低土壤的容重，增加土壤的孔隙度，增加田间持水量，调节土壤的供水和肥力、保留水分和肥料的能力和土壤的渗透性。它在一定程度上促进了有机质对土壤性质的改善。另外，有机改良肥料具有许多颗粒、大的比表面积和大量的微生物与激素，这也将导致更好的土壤结构和增加孔隙度。有机改良肥料可以激活土壤有效养分（周爽等，2015），增加植物对养分的吸收，并促进作物的营养生长和繁殖。有机改良肥料的生产首先需要有机物质的发酵，在此过程中，生成了生长素、赤霉素、氨基酸、核酸和多种维生素。因此，有机改良肥料富含各种生理活性物质，可以刺激农作物的生长发育。有机改良肥料包含发酵细菌和功能细菌。具有较强的营养功能，良好的促根际生长作用，肥料利用率高。它可以增加豆类作物的固氮能力，提高土壤的氮磷钾有效性。此外，有机改良肥料依赖于微生物的生命活动，可以促进土壤有机质的矿化，从而使有机养分可以更快地转化为植物可以直接吸收和利用的养分。微生物是土壤中最重要的部分，它们在物质和能量转移、养分循环利用和土壤自我修复过程中发挥着非常重要的作用。有机改良肥料富含有益的微生物菌群，可以显著改变土壤中的细菌、真菌和放线菌的数量，在植物根部周围形成占优势的微生物种群，并在抑制根际病原体传播方面发挥作用。

（三）搭载生物菌剂的有机肥料

微生物肥料中的功能微生物不仅可以直接抑制土壤中病原细菌的数量，并通过大量寄生、胞外酶降解、产生抗菌蛋白和抗生素等方式来减少植物病害（匡石滋等，2013），而且还可以通过改变土壤微生物来诱导对土壤退化的抑制。改变土壤微生物群落结构，恢复土壤微生态平衡。微生物肥料可以改善土壤中的养分供应并提高肥料利用率。由于它包含特定的功能微生物，因此可以通过固氮、溶磷、钾释放和其他元素的增溶作用，在土壤中诱导有益的微生物，从而改善土壤养分。其中，根瘤菌和固氮菌可以将大气中的氮转化为氨；假单胞菌和芽孢杆菌的微生物可以通过将有机酸释放到细胞外，将不溶性磷转化为根际植物更容易利用的形式。微生物产生有机酸可以溶解硅酸盐矿物，如酒石酸、乙酸、草酸等，有利于磷酸盐的释放和作物对其的吸收。此外，施用微生物肥料还可以在腐植酸的基础上分解土壤有机质，形成腐植酸，将土壤单粒胶结形成土壤团聚体，拦截土壤中的营养元素离子和水分，增加土壤持水量，改善土壤肥力和促进作物生长。微生物肥料中的功能性微生物可以释放有益植物生长的植物激素，例如生长素、赤霉素（GAA）、脱落酸（ABA）、细胞分裂素、铁载体和吲哚-3-乙酸（IAA）等，促进植物生长。IAA诱导双子叶植物侧根和单子叶植物根系的发生，改善了细胞壁的次生增厚和木质部细胞的增加，更有利于矿物质和水的吸收；GA对植物发芽和茎伸长生长，以及开花和坐果很重要。ABA调节植物的生理过程，提高其对环境胁迫的耐受性，并帮助种子发芽和气孔闭合。铁载体可以螯合铁并产生可溶的络合物，可被多种植物吸收。土壤酶是土壤中某些特殊蛋白质化合物的总称，土壤酶直接影响土壤的能量传递、代谢性能、养分循环，与土壤质量密切相关。在土壤微生物中施用微生物肥料可有效改善土壤活性养分。微生物肥料不仅可以通过养分与生态位之间的竞争来改变土壤微生物多样性，发挥生物防治作用并改善土壤养分功能状态，还可以通过诱导植物系统抗性（induced systemic resistance，ISR）激活植物防御反应。

第四节 设施菜田专用有机肥料施用技术

一、有机肥料施用方法

（一）施用时期

由于各种有机肥的养分有效性不同，适宜的施用时间也不同。总的原则是缓效的有机肥适于基施作底肥，而速效的有机肥则适于结合蔬菜的关键需肥期进行追肥。一般施用量大、养分含量低的粗有机肥料适合于基肥施入；含有大量速效养分的液体有机肥和有些腐熟好的有机肥料可作追肥施用。同时应制订合理的基追肥比例，对于高温栽培的作物，最好减少基肥施用量，增加追肥施用量。

有机肥的施用时期，应同时考虑养分的释放规律和作物的需肥规律。有机肥料在土壤中的释放呈抛物线状，其过程可分为释放速率持续上升、下降和迟滞3个阶段。且有机肥料具有缓释特征。缓效的有机肥种类适于作基肥，作追肥时必须考虑养分释放时间提前施用；速效的种类应考虑作物的土壤的保肥能力及淋洗损失风险适当减量。果菜类一般幼苗需氮量较多，但过多施用反而引起徒长、落花落果；进入生殖生长期，需磷肥剧增，需氮量略减，因此要注意利用有机肥追肥来增磷增钾（陈清，2016）。

同时还应考虑到蔬菜作物的特殊性和不同种类有机肥间的差异。例如，未经处理的粪肥中含有大肠杆菌等病原微生物，根及叶类蔬菜直接与土壤接触，施用与采收至少应间隔4个月，施用在其他蔬菜也应相隔3个月以上。为避免盐害，播种应在有机肥或堆肥施用3~4周后进行。铵态氮含量较高的泥浆肥在其他条件允许的情况下，施用时间可与作物需肥时期尽量一致。奶牛粪等无机氮含量非常低的有机肥则应反季节施用。酒糟、鸡粪等有机肥中由于总氮的65%只以无机态存在30~50天，所以至少应在作物氮吸收结束的一个月前施用。此外，欧洲规定每年冬季施有机肥，夏季或降雨季节避免施用大量的有机肥，防止氮素淋失。

（二）施用方法

1.基肥/追肥施用

有机肥料养分释放慢、肥效长，最适宜作基肥施用。基肥在播种前翻地时施入土壤，一般叫底肥；在播种时施在种子附近，也叫种肥。在翻地时，将有机肥料撒到地表，随着翻地将肥料全面施入土壤表层，然后耕入土中。这种施肥方法简单、省力，肥料使用均匀，优点很明显，可以全面改良土壤结构，但也存在很多缺陷（陈清，2015）。首先，肥料利用率低。由于采取在整个田间进行全面撒施，所以一般施用量都较多，但根系能吸收利用的只是根系周围的肥料，而施在根系不能到达的部位的肥料则白白流失掉。其次，容易产生土壤障碍。

该施肥方法适宜于种植密度较大的作物和施用量大、养分含量低的粗有机肥料。

有机肥料不仅是理想的基肥，腐熟好的有机肥料含有大量的速效养分，也可作追肥施用。人粪尿有机肥料养分主要以速效养分为主，作追肥更适宜。追肥是作物生长期间的一种养分补充供给方式（孙昭安等，2018），一般适宜进行穴施或沟施。

有机肥料作追肥应注意以下事项。

（1）有机肥料含有速效养分，但数量有限，大量缓效养分释放还需一个过程，所以有机肥料做追肥时，同化肥相比追肥时期应提前几天。

（2）后期追肥的主要目的是为了满足作物生长过程对养分的极大需要，保证作物产量，有机肥料养分含量低，当有机肥料中缺乏某些成分时，可施用适当的单一化肥加以补充。

（3）制定合理的基追肥分配比例。气温低时，微生物活动小，有机肥料养分释放慢，可以把施用量的大部分作为基肥施用；而地温高时，微生物发酵强，如果基肥用量太多，定植前，肥料被微生物过度分解，定植后，立即发挥肥效，有时可能造成作物徒长。

2. 灌溉施用

灌溉施用是一种经济的和节省劳动力的方法，特别是在大量的有机肥料需要被处理掉的时候。灌溉施肥允许更加灵活的施用原则，比如在植物生长季节允许施用液体的和泥浆状的有机肥料。适当的设计和可操作灌溉系统可将氨态氮随着灌溉水施入土壤中。灌溉系统必须与地形相配套，还要注意农场的作物类型、作物的养分和水分需要，以及土壤的渗漏和持水能力。灌溉施有机肥料时气味是一个问题，应选择远离周围邻居和繁忙交通道路的位置，还要避免风向或热湿的天气的影响。

3. 条施、穴施、集中施用

除了量大的粗杂有机肥料外，养分含量高的商品有机肥料一般采取在定植穴内施用或挖沟施用的方法，将其集中施在根系伸展部位，可充分发挥其肥效。集中施用并不是离定植穴越近越好，最好是根据有机肥料的质量情况和作物根系生长情况，采取离定植穴一定距离（如至少5cm）或者将有机肥条施于苗床下面10～15cm作为待效肥施用。在施用有机肥料的位置，土壤通气性变好，根系伸展良好，还能使根系有效地吸收养分。

从肥效上看，集中施用对发挥磷素养分的肥效最为有效。如果直接把磷素养分施入土壤，有机肥料中速效态磷成分易被土壤固定，因而其肥效降低。在腐熟好的有机肥料中含有很多速效性磷酸盐成分，为了提高其肥效，有机肥料应集中施用，减少土壤对速效态磷的固定。

条施、穴施的关键是把养分施在根系能够伸展的范围内。因此，集中施用时施肥位置是重要的，施肥位置应根据作物吸收肥料的变化情况而加以改变。最理想的施肥方法是，肥料不要接触种子或作物的根，距离根系有一定距离，作物生长一定程度后才能吸收利用。

采用条施和穴施，可在一定程度上减少肥料施用量，但相对来讲施肥用工投入增加，此外，还要注意以下两点。

第一，结合深耕施用。深耕可以扩大根系的活动及养分吸收空间，结合深耕施肥，可有效避免肥料表聚及根系上移，有利于促根、壮苗。对氮来说，深施还可以减少氮的挥发损失。

第二，多种肥料配合施用。有机肥料、化肥配施，肥效速缓互补，氮磷钾等元素化肥配施，多种养分同供，最有利于满足作物各时期对各种养分的需要。施用时，可分别施用，通过耕翻混合，也可先将磷、钾肥、微肥与优质腐熟有机肥料混合，同时施用。要求所含各种养分丰富，具有疏松、吸水、吸热等性能，如幼苗生长发育提供充足的养分及有利根系发育的环境条件。育苗营养土多以大田土壤为基础，加入一定量的马粪、大粪干及其他有机肥料，其配合比例都是按体积计算。虽然在近年农业科技的进步与普及情况下，各地配制营养土仍不会有统一的配方，主要是根据当地配制营养土的原料资源而定。大约有 3 种类型：① 以大田土为主，加入人、畜、禽粪肥。其配比量据肥料质量而定，大田土与肥料之比可自 8：2 至 6：4，配好的营养土容重约 $1g/cm^3$。② 在大田土中加入一部分草炭，再加入有机肥料。配比量为：大田土：草炭：有机肥料 =6：3：1，配成的营养土较为疏松，容重约为 $0.81g/cm^3$，吸水、吸热、保肥性能好，育出的苗显然比没加草炭的好，苗粗壮、干物量重、根多，定植后缓苗快；③ 不用菜园土，采用草炭加蛭石育苗，这样可避免使用菜园土可能带有的病菌为害幼苗，并扩散到其他菜田，草炭与蛭石的配比量可为 5：5，加入一定量有机肥料或无机肥。这种营养土更加疏松，容重约 $0.251g/cm^3$，吸水、吸热、保肥、通气等性能更好，育出的苗壮，苗根更多抱成根团，移苗定植时不易松散，更有利缓苗，新根生长快。

一般掌握得当，这三种配制成的营养土都可满足育好壮苗的要求。但随着近年栽培茄果类、瓜类蔬菜的面积增加，需要育苗的量增加，相应育苗营养土的需要量也增多，会使配制营养土的资源不足，尤其是传统施用的马粪、大粪干等物质来源较过去为少，所施有机肥料的质量与用量又有较大差异，故近年多有以施用商品肥如发酵鸡粪及尿素、磷酸二铵等肥料以补不足，但这类肥料不仅养分含量高，而且多为速效性养分，如施用量不当，会发生肥过多烧苗或肥不足苗弱的事故。究竟应施多少肥才能达到所需营养的要求呢？据有关资料介绍，育苗营养土速效养分三要素的水平应在：氮（N）150~200mg/kg，磷（P_2O_5）200~500mg/kg，钾（K_2O）400~600mg/kg。参考这一指标，在以取当地大田土为配营养土的基质情况下，由于各地土壤肥力有着较大差异，不能拟定统一的施肥量配方，现仅提供参考的配制育苗营养土加入肥料的幅度。每立方米（方）营养土加入肥料量有以下几种选择：①尿素 0.4~0.6kg，过磷酸钙 2~6kg，硫酸钾 0.4~0.6kg；②磷酸二铵 0.6~0.8kg，硫酸钾 0.4~0.6kg；③干鸡粪 4~8kg，磷酸二铵 0.2~0.4kg，硫酸钾 0.2~0.4kg。

4. 有机营养土

温室、塑料大棚等保护栽培中，多种植一些蔬菜、花卉和特种作物。这些作物经济效益相对较高，为了获得好的经济收入，应充分满足作物生长所需的各种条件，常使用无土栽培。

传统的无土栽培是以各种无机化肥配制成一定浓度的营养液，浇在营养土或营养钵等无土栽培基质上，以供作物吸收利用。营养土和营养钵，一般采用泥炭、蛭石、珍珠岩、细土为主要原料，再加入少量化肥配制而成。在基质中配上有机肥料，作为供应作物生长的营养物质，然后在作物的整个生长期中，隔一定时期往基质中加一次固态肥料，即可以保持养分的持续供应。用有机肥料的使用代替定期浇营养液，可减少基质栽培浇灌营养液的次数，降低生产成本。

常用的有机营养土配方为：$0.75m^3$ 草碳、$0.13m^3$ 蛭石、$0.12m^3$ 珍珠岩、3.0kg 石灰石、1.0kg 过磷酸钙（20% P_2O_5）、1.5kg 复混肥（15:15:15）、$10.0m^3$ 腐熟的发酵有机肥料。

二、有机肥料施用的科学性与常见误区

（一）施用未腐熟的有机肥料

对于蔬菜、果树和其他经济作物而言，有机肥料是必需品。而施用未腐熟的有机肥对作物和土壤危害均较大，因此，应尽量避免将未发酵腐熟的粪肥直接施入农田。若在繁忙的农耕季节没有提前准备好有机肥料时，可以购买工厂加工的商品有机肥料。工厂对商品有机肥进行了发酵和杀菌处理，农民购买后可以直接使用。

（二）过量施用有机肥料

有机肥料的低养分含量对作物生长影响很小。不像化肥容易烧

幼苗，而土壤中积累的有机物对改善土壤状况有明显的影响，而有些人错误地认为，使用的有机肥料越多越好。实际过量使用有机肥料也会造成伤害，主要是导致土壤中磷，钾等养分大量积累，土壤养分失衡（山楠等，2018）；此外大量施用有机肥还会导致土壤中硝酸盐离子的积累，使农作物硝酸盐超标；有时使用特别过量也会出现烧苗现象。

（三）无机、有机肥料未配合施用

有机肥料具有全面的营养成分，但含量较低。在作物生长旺盛的时期，为了充分满足作物对营养的需求，在使用有机肥的基础上还要补施化学肥料。如果夸大有机肥料的作用，只使用有机肥料，会导致作物在生长的关键时刻营养需求得不到满足，从而减产。

有机肥料在提供持续的根部养分供应、土壤改良和土壤传播的疾病预防等方面起着非常重要的作用，并且是确保水果和蔬菜高质量和高产的关键。但是，过量施用有机肥会导致营养损失和环境污染，还会阻碍作物生长并威胁食品和环境安全。因此，可根据作物的营养需求和菜地土壤特性，选择合适的类型，有机和无机肥配合施用，达到蔬菜产量高、营养效率高、环保的目的。与此同时，还应根据不同地区和农业生产条件，对施肥量、施肥时间和施肥方法进行调整，走有机与无机相结合的道路，在减少有机肥施用带来的潜在环境污染风险的同时，达到修复土壤退化的目的。

主要参考文献

陈清，张宏彦，李晓林，2000. 德国蔬菜生产的氮肥推荐系统 [J]. 中国蔬菜（6）：58-60.

陈清，2014. 水溶肥行业五大问题待解 [N]. 中国化工报，2014-06-27（7）.

陈清，2015. 如何科学施用有机肥 ?[N]. 农资导报，2015-08-11（1）.

陈清，周爽，2014. 我国水溶性肥料产业发展的机遇与挑战 [J]. 磷肥与复肥，29（6）：20-24.

陈清，2016. 规模化农业生产下的套餐施肥 [J]. 化工管理（31）：69–71.

陈贵，张红梅，沈亚强，等，2018. 猪粪与牛粪有机肥对水稻产量、养分利用和土壤肥力的影响 [J]. 土壤，50（1）：59–65.

陈猛猛，张士荣，吴立鹏，等，2019. 有机 – 无机配施对盐渍土壤水稻生长及养分利用的影响 [J]. 水土保持学报，33（6）：311–317，325.

侯红乾，刘秀梅，刘光荣，等，2011. 有机无机肥配施比例对红壤稻田水稻产量和土壤肥力的影响 [J]. 中国农业科学，44（3）：516–523.

黄振瑞，陈迪文，江永，等，2015. 施用缓释肥对甘蔗干物质积累及氮素利用率的影响 [J]. 热带作物学报，36（5）：860–864.

纪元清，2018. 有机肥与化肥配施对设施连作番茄氮素营养效应的研究 [D]. 沈阳：沈阳农业大学.

江春玉，李忠佩，崔萌，等，2014. 水分状况对红壤水稻土中有机物料碳分解和分布的影响 [J]. 土壤学报，51（2）：325–334.

贾伟，2014. 我国粪肥养分资源现状及合理利用分析 [D]. 北京：中国农业大学.

贾伟，王丽英，陈清，2013. 华北平原菜田有机氮素净矿化速率的季节性差异 [J]. 华北农学报，28（5）：198–205.

贾伟，李宇虹，陈清，等，2014. 京郊畜禽有机肥资源现状及其替代化肥潜力分析 [J]. 农业工程学报，30（8）：156–167.

匡石滋，李春雨，田世尧，等，2013. 药肥两用生物有机肥对香蕉枯萎病的防治及其机理初探 [J]. 中国生物防治学报，29（3）：417–423.

刘思汝，石伟琦，马海洋，等，2019. 果树水肥一体化高效利用技术研究进展 [J]. 果树学报，36（3）：366–384.

李燕青，赵秉强，李壮，2017. 有机无机结合施肥制度研究进展 [J]. 农学学报，7（7）：22–30.

全国农业技术推广服务中心，1999. 中国有机肥料资源 [M]. 北京：中国农业出版社.

山楠，韩圣慧，刘继培，等，2018. 不同肥料施用对设施菠菜地 NH_3 挥发和 N_2O 排放的影响 [J]. 环境科学，39（10）：4 705–4 716.

孙昭安，陈清，吴文良，等，2018. 冬小麦对基肥和追肥 [15]N 的吸收与利用 [J]. 植物营养与肥料学报，24（2）：553–560.

王赫，李晶晶，魏宏亮，等，2017. 水凝胶在缓 / 控释肥料中应用的研究进展 [J]. 轻工学报，32（6）：43–55.

王祺，李艳，张红艳，等，2017. 生物药肥功能及加工工艺评述 [J]. 磷肥与复肥，32（8）：13-17.

王仁杰，强久次仁，薛彦飞，等，2015. 长期有机无机肥配施改变了（土娄）土团聚体及其有机和无机碳分布 [J]. 中国农业科学，48（23）：4 678-4 689.

徐佳路，严正娟，贾伟，等，2012. 设施菜田生产中有机肥作用与施用策略 [C]. 中国设施园艺工程学术年会. 设施蔬菜栽培技术研讨暨现场观摩会论文集. 北京：中国农业工程学会：79-85.

张强，常瑞雪，胡兆平，等，2018. 生物刺激素及其在功能水溶性肥料中应用前景分析 [J]. 农业资源与环境学报，35（2）：111-118.

周慧，史海滨，徐昭，等，2020. 有机无机肥配施对盐渍土供氮特性与作物水氮利用的影响 [J]. 农业机械学报，51（4）：299-307.

周爽，张强，王敏锋，等，2015. 液体水溶性复混肥中磷素形态与有效性 [J]. 磷肥与复肥，30（10）：14-17.

YAN Z J, CHEN S, DARI B, et al., 2018. Phosphorus transformation response to soil properties changes induced bymanure application in a calcareous soil[J]. Geoderma, 322：163-171.

（执笔人：郑丁瑀、贾　伟）

第七章 设施菜田污染修复专用土壤调理剂

设施菜田污染直接反映在设施土壤本身，表现出设施土壤性状恶化，导致土壤生产力下降。因此，设施菜田污染修复的重要材料——专用土壤调理剂的研发成为设施菜田污染修复的重要途径。基于此，本章从专用土壤调理剂原料、成分、分类、作用机制、功能、生产与施用等方面阐述专用土壤调理剂在设施菜田污染修复中的探索，旨在为菜田污染改良提供科学支撑。

第一节 土壤调理剂原料、成分、分类、作用机制

一、土壤调理剂定义

当前，土地资源不但非常有限，还因为自然成土因素或不合理的人为因素导致具有障碍因子的土壤退化面积逐年增加。据统计，我国土壤退化总面积已达到 4.65 亿 hm^2，占全国土地总面积的 40%以上，北方的土地沙化、盐渍化问题，南方的水土流失、酸化问题，以及土壤重金属和有机物污染问题，都成为当前不容忽视、迫切需要解决的重大问题。为了解决土壤障碍问题，恢复土壤生产力，使土壤健康发展，土壤改良日益受到重视。诸多研究表明，正确使用土壤调理剂可以有效改良障碍性土壤，土壤调理剂的作用得到越来越多人的关注。

2016 年发布的农业行业标准《土壤调理剂通用要求》（NY/T 3034—2016）中，把土壤调理剂明确定义为：加入障碍土壤中以

改善土壤物理、化学和 / 或生物性状的物料，适用于改良土壤结构、降低土壤盐碱危害、调节土壤酸碱度、改善土壤水分状况或修复污染土壤等。

二、土壤调理剂原料

土壤调理剂原料种类非常多（周岩，2011），主要有以下几种（图7-1）。

（1）天然矿物：如白云石、磷石膏、磷矿粉、沸石、蒙脱石粉、硅酸钙粉、橄榄石粉、元素硫粉、石灰或石灰石粉、硼矿粉和锌矿粉。

（2）农业废弃物：如畜禽粪便、作物秸秆等。

（3）工业废弃物：如碱性煤渣、高炉渣、粉煤灰、煤矸石、黄磷矿渣粉、豆渣（SM）、污水污泥等。

（4）生物化学提取物和制剂：如高分子合成物质、生物制剂等。

另外，城市和生活废弃物，如有机废弃物（食物残渣、生物固

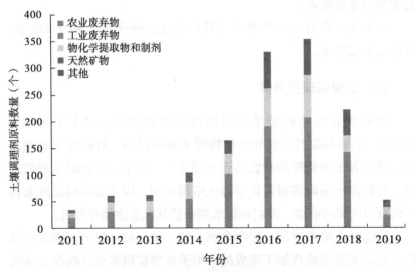

图7-1　土壤调理剂原料及分类

体）、建筑垃圾和生活炉渣及其他生活垃圾等也可用作土壤调理剂原料。

三、土壤调理剂成分

由于土壤调理剂原料种类繁多，各种土壤调理剂有不同的成分（周岩，2011），主要有以下几种。

（1）有机大分子类：如纤维素、木质素、多糖羧酸类、聚环氧乙烷、淀粉、蛋白质、有机硅橡胶、聚丙烯醇、硝基腐植酸（nitro-humic acid，NHA）、聚乙烯醇类、聚乙烯咪唑、聚醋酸乙烯和尿素、羧甲基纤维素（carboxymethyl cellulose，CMC）等。

（2）有机小分子类：如丙烯酸、丙烯酰胺（arcrylamide，AM）、葡萄糖等。

（3）矿物质类：如硅沙石（SiO_2）、硅、铁、铝和硅胶等。

（4）无机盐类：如硫酸钙和亚硫酸钙、硫酸钾、磷酸二氢钾等。

（5）有机盐类：如褐腐酸钠或钾、木质素磺酸盐、苯乙烯基铵盐和烯丙基铵盐等。

（6）人工聚合类：如聚苯乙烯衍生物的磺化物、聚丙烯酰胺、聚乙烯多元胺等。

四、土壤调理剂分类

根据农业行业标准《土壤调理剂通用要求》（NY/T 3034—2016），土壤调理剂一般分为矿物源土壤调理剂、有机源土壤调理剂、化学源土壤调理剂和农林保水剂4类。其中，矿物源土壤调理剂、有机源土壤调理剂和化学源土壤调理剂，因主要原料组成来源不同冠以所属的前缀，而农林保水剂则依其保水性能而命名。

矿物源土壤调理剂一般由含钙、镁、硅、磷、钾等矿物经标准化工艺或无害化处理加工而成的，用于增加矿质养料以改善土壤物理、化学、生物性状。其产品技术指标要求至少应标明其所含钙、镁、硅、磷、钾等主要成分及含量、pH、粒度或细度、有毒有害成分限量等。

有机源土壤调理剂一般由无害化有机物料为原料经标准化工艺加工而成的，用于为土壤微生物提供所需养料以改善土壤生物肥力。其产品技术指标要求至少应标明其所含有机成分含量、pH、粒度或细度、有毒有害成分限量等，所明示出的成分应有明确界定，不应重复叠加。

化学源土壤调理剂是由化学制剂或由化学制剂经标准化工艺加工而成的，同时改善土壤物理或化学障碍性状。其产品技术指标要求至少应标明其所含主要成分含量、pH、粒度或细度、有毒有害成分限量等。

农林保水剂一般由合成聚合型、淀粉接枝聚合型、纤维素接枝聚合型等吸水性树脂聚合物加工而成的，用于农林业土壤保水、种子包衣、苗木移栽或肥料添加剂等。农林保水剂原料应符合农产品和环境安全要求，聚合物树脂类成分应具有可降解性，并经试验证明降解物具有土壤生态环境的安全性。其产品指标要求至少应标明其吸水倍数、吸盐水（0.9% NaCl）倍数、水分含量、pH、粒度、有毒有害成分限量等。

五、土壤调理剂性质及作用机制

土壤调理剂的类型不同，具有不同的物理结构、化学组成、官能团及活性物质等，在改土中的作用原理也不相同。

膨润土、硅藻土、沸石等天然矿物改良剂中的无机物料，具有较为独特的晶体结构、较大的比表面积、较高的阳离子交换量及较强的渗透性和吸附性。它们主要作为团聚土粒的胶结剂，较大的电荷及较强的吸附能力可促进水稳定团聚体的形成，较大的比表面积、较高的阳离子交换量提高了土壤的保水保肥能力，主要通过改良土壤的结构和水肥状况来改良土壤（周岩等，2010；肖春宝等，

2010）。

多糖、纤维素、腐植酸等天然改良剂中的有机物料具有良好的生物相容性，生物官能团性、缓冲性和吸收络合交换等功能，可促进土壤团聚体的形成，提高元素的有效性，增加土壤微生物数量及土壤酶活性（李彰等，2010；蒋小姝等，2013）。

人工合成的土壤调理剂多为以上 2 种性质的结合。

真菌、细菌、放线菌等生物改良剂，可通过促进养分的分解，提高土壤酶的活性来提高肥力，此外，微生物的大量活动，能改善土壤的物理性状和生态结构（章智明等，2013）。微生物在土壤调理剂中的作用见表 7-1。

表 7-1　微生物在土壤调理剂中的作用

材料类别	作　用	机　制
巨大芽孢杆菌、胶冻样芽孢杆菌、固氮菌等	促进植物生长	有益微生物在代谢过程中，产生的大量的代谢产物，能有效提高作物对营养元素的吸收，从而减少化肥使用量
胶冻样芽孢杆菌、侧孢芽孢杆菌、地衣芽孢杆菌等	增产增收	有益菌的代谢产物可促进作物根系发育（须根数量增多）；代谢过程中产生植物生长调节剂，促进作物光合作用，调节营养元素流向果实
侧孢芽孢杆菌、枯草芽孢杆菌、凝结芽孢杆菌等	提高品质	有益微生物可降低植物体内硝酸盐含量；能降低重金属含量；提高果实中维生素 C 和可溶性糖的含量
米曲菌、地衣芽孢杆菌、枯草芽孢杆菌等	防止重茬	加速有机物质的分解，为作物提供养分；分解作物连作产生的有毒有害物质
地衣芽孢杆菌、巨大芽孢杆菌、侧孢芽孢杆菌等	保护根际环境	可增强土壤缓冲能力；保水保湿，增强作物抗旱、抗寒、抗涝能力同时侧孢芽孢杆菌还可强化叶片保护膜，抵抗病原菌侵染，抗病、抗虫
大量有益菌群	增加抗逆性为优势菌群	加速有机物质的分解，为作物提供养分；分解作物连作产生的有毒有害物质

第二节　土壤调理剂功能

一、改善土壤质地与结构

土壤质地是土壤与土壤肥力密切相关的基本属性，反映母质来源及成土过程的某些特征。土壤结构是土壤肥力的重要基础，良好的土壤结构能保水保肥，及时通气排水，调节水气矛盾，协调水肥供应，并利于植物根系在土体中穿插生长。土壤质地不良和结构问题往往伴生存在，而某些天然矿石、固体废弃物、高分子聚合材料和天然活性物质等原料制造的土壤调理剂都已证明对土壤质地和结构具有较好改良效果。相对来讲，目前商品化的土壤调理剂多是侧重土壤结构改良，同时兼具一定的土壤质地改良效果（黄燕等，2016；李兴平等，2016）。

在我国农业生产中，石灰和石膏的利用较普遍。近些年，泥炭、褐煤和风化煤等用于农业生产越来越多。这类物质富含腐植酸、有机质和氮磷钾养分，对于改良土壤结构，培肥地力具有较好效果。沸石、蛭石、膨润土、珍珠岩等天然矿石制造而成的土壤调理剂多具有高吸附性、离子交换性、催化和耐酸耐热等性能，且富含 Na、Ca、Sr、Ba、K、Mg 等金属离子。

人工合成高聚物也广泛用于改良土壤结构，利用高聚物可使分散的矿物质颗粒形成人工团粒，增加土壤中水稳性团粒的含量和稳定性，进而使土壤的结构及理化性质如孔隙度、通气性、透水性、坚实度、微生物活性、酸碱度等得到改善。水溶性非交联性聚丙烯酰胺是一种研究和应用都非常广泛的高聚物土壤调理剂，有极强的絮凝能力，对土壤分散颗粒起着很好的团聚化作用，施入土壤后土壤微团聚体组成发生变化，土壤的结构系数和团聚度均明显提高（林始联，2002）。

近年来研究开发炉渣、粉煤灰、城市污泥、垃圾等各种工农业固体废弃物为土壤调理剂成为热点，尤以粉煤灰和脱硫废弃物使用较多。粉煤灰具有多孔结构，粒径在 $0.5\sim300\mu m$ 之间，具有非常大的比表面积 $2\,000\sim4\,000cm^2/cm^3$。因此，粉煤灰作为改良剂对黏质土壤的物理性质有良好的调节作用，使黏质土壤的黏粒含量减少，沙粒含量增加，降低了土壤容重，增加了孔隙度，缩小了膨胀率。

二、改良土壤化学性状

土壤的化学性状主要包括土壤 pH、土壤的氧化还原电位（Eh）、阳离子交换量（CEC）、土壤酶活性，它影响矿质元素的有效性。大多数作物、蔬菜、果树适宜的 pH 都在 $6.0\sim7.5$。土壤的 Eh 影响变价元素的有效性，它受土壤的通气性、微生物活动、有机质分解速率、土壤 pH 及根系的代谢的影响。土壤的 Eh 越大，氧化性越强；越小，还原性越强。土壤的 Eh 一般为 $-400\sim720mV$，旱地土壤为 $400\sim720mV$，水田的为 $-200\sim300mV$。CEC 可作为评价土壤保肥能力的指标，是土壤缓冲性能的主要来源，是改良土壤和合理施肥的重要依据（两种土壤阳离子交换量测定方法的比较）。CEC 的大小受土壤质地、胶体的数量与类型、土壤的 pH 影响。一般而言，$CEC > 20cmol/kg$ 的保肥力强，$CEC < 10cmol/kg$ 的保肥力差，两者之间的保肥力中等。土壤盐基饱和度（base saturation，BS）反映土壤交换性阳离子的有效性高低，是改良土壤的重要依据之一。土壤调理剂可以调节土壤的 pH、Eh，增加土壤的阳离子交换量。石灰、滤泥可降低土壤的酸度，提高土壤的 CEC 和土壤的盐基饱和度；膨润土和塘泥均能降低土壤 Eh，提高土壤 pH、CEC、交换性盐基总量和盐基饱和度。土壤酶是土壤中产生专一生物化学反应的生物催化剂。包括催化腐殖质的合成与分解，有机化合物、动植物和微生物残体的水解与转化，土壤中各种氧化还原反应等，与土壤理化性质、土壤类型、施肥、耕作以及其他农业措施等密切相关。孙蓟

峰（2012）在研究麦饭石、硅钙矿、牡蛎壳和蒙脱石 4 种调理剂对土壤生物特性的影响时发现，施用牡蛎壳调理剂后，土壤碱性磷酸酶、脲酶和过氧化氢酶活性均得到显著提高；而施用硅钙矿调理剂后，土壤微生物总量与对照相比提高了 64.1%，施用效果明显。因此，施用土壤调理剂，可以通过改善土壤 pH、CEC、Eh 等改良土壤理化性质；土壤酶活性的提高，可以增强植物抗性，土壤酶活性的增加被认为是土壤质量提高的表现。

三、保持水土，降低侵蚀

土壤的保水供水能力是土壤肥力或者生产力的重要影响因素。设施菜田是大水漫灌等人为干扰强度大的耕地土壤，一方面导致土壤养分具有流失态势，另一方面造成土壤侵蚀，进而导致土壤退化。农林保水剂又称土壤保墒剂、抗蒸腾剂、储肥蓄药剂或微型水库，是一种具有三维网状结构的有机高分子聚合物，在土壤中能将雨水或灌溉水迅速吸收并保持，变为固态水而不流动、不渗失，长久保持局部恒湿，天旱时缓慢释放供植物利用。农林保水剂特有的吸水、储水、保水性能，在改善生态环境、防风固沙工程中起到决定性的作用，在土地荒漠化治理、农林作物种植、园林绿化等领域广泛应用。马媛媛等（2018）研究表明，天然矿物来源的土壤调理剂能提高土壤保水能力。沸石具有储水能力，施入土壤后可提高耕层土壤的含水量 1%~2%，在干旱条件下使耕层土壤田间持水量增加 5%~15%。用膨润土改良沙质土壤，土壤含水量增加。高分子聚合物土壤调理剂改良土壤时，土壤水稳性团粒含量会有明显增加，土壤结构得到了改善，土壤抗水蚀能力增加，水土流失相应减少（吴淑芳等，2003）。

四、调节土壤酸碱度，改良盐碱土

由于自然成土因素和不合理的施肥，土壤酸化问题是我国当前面临的突出土壤障碍之一。对于土壤酸化问题的解决，施用石灰进行调节是过去常见的改良手段，而近年来以碱渣、粉煤灰和脱硫废弃物等为主要原料的土壤调理剂也取得了较好的应用和推广效果。研究表明，施用石灰或石灰加沸石可以明显降低菜园酸化土壤中的交换性铝含量，减少铝毒，提高土壤 pH。碱渣是制碱过程中产生的大量废弃物，溶水后得到碱性溶液，可以中和微酸性及酸性的土壤，以使土壤性质得到改善。利用碱渣和城市污泥制造的多元酸性土壤调理剂可有效提高酸性菜园土壤 pH 和盐基饱和度，降低有效铝含量。在南方强酸性的冷浸田中，施入脱硫灰和石灰能有效提高土壤 pH，且脱硫灰对降低土壤 Eh 也有显著作用。菇渣和泥炭等土壤调理剂也能提高土壤 pH，降低酸性土壤中交换性铝含量，提高土壤有机质、交换性钙、交换性镁含量。此外，腐植酸共聚物等人工合成高聚物也有较好的提高酸性土壤 pH 的效果（骆园等，2015；沈婧丽等，2016）。

我国盐碱土面积很大，对盐碱土的改良也是农业研究领域的热点。烟气脱硫废弃物可用于碱土改良，主要基于烟气脱硫技术多采用钙基物质作为吸收剂，将其施用到土壤后可以降低土壤 pH。生化黄腐酸、磷石膏、煤渣、鸡粪、污泥、酒糟、草炭、风化煤、硫黄、石膏、有机肥等对盐碱土改良也有一定的作用效果。近年来许多研究表明，一些复合制剂型的土壤调理剂对于治理土壤盐碱的效果突出，推广较多的是人工合成高分子聚合物或天然高分子类土壤调理剂，如聚丙烯酰胺等。一些人工合成高聚物含有代换能力强的高价离子，施用后与碱土吸附的交换性钠进行离子交换，交换下来的钠离子溶于水中被排洗掉，从而达到降低盐碱的目的。人工合成高聚物对于土壤结构的改良也可促进排盐效果，达到减轻土壤盐渍化程度的目的。

五、改善土壤养分供应

土壤调理剂通常使用多种基础原料制造而成，本身可能就含有一定量的氮磷钾养分，但是相对于肥料而言其数量有限。某些土壤调理剂具有调节土壤保水保肥的能力，因此可改善土壤营养元素的供应状况。土壤调理剂的施用也可对土壤固定态或缓效养分起到调节或激活作用，其中机制包括土壤结构改善、土壤酸碱度调节、土壤生化特性改良等几方面，多种因素促进了养分元素的释放和植物有效性的提高。

沸石有独特的结构特点，施用后既可增加土壤对 NH_4^+、K^+ 的吸附，提高土壤保肥性能，又能在植物需要时重新释放，增加养分利用的有效性，因此广泛应用于土壤改良。北方石灰性土壤上磷肥利用率较低，研究表明风化煤和糠醛渣可以提高土壤磷的活化，风化煤中的腐植酸类物质和糠醛渣中残留的硫酸对土壤无效磷转化为有效磷起到了关键作用。对南方酸性土壤的磷活化研究发现，以沸石和蒙脱石作为原材料，加入硅酸钙粉、橄榄石粉、硫粉等对酸性土壤固磷起到了调节作用，提高了磷肥利用效果。烟气脱硫废弃物富含 Si、S、Ca、Mo 等元素，将其作为红壤地区的土壤调理剂施用具有良好效果。施入聚丙烯酰胺和生物炭后也可增加土壤的保肥能力，减少土壤养分流失。

六、修复重金属污染土壤

据资料推断，我国当前耕地重金属污染的面积约占耕地总量的1/6，土壤重金属污染问题已成为我国严重的环境问题。研究发现，通过离子间的交换、吸附、沉淀等钝化作用，某些土壤调理剂可以改变重金属在土壤中的存在形态，降低其在土壤中的生物有效性和迁移性，缓解其威胁。

黏土矿物粒度细、表面积大，可利用它的可变电荷表面对重金属离子的吸附、解吸、沉淀来控制重金属元素的迁移和富集。我国有着丰富的黏土矿物资源，蒙脱石、伊利石和高岭石都是常见的重金属吸附材料。麦饭石被认为是一种"药石"，经风化、蚀变而形成多孔海绵状结构，具有很强的吸附性能。麦饭石长期以来在食品、保健和医疗领域应用广泛，同时由于其对重金属离子也同样具有的强大吸附性能，也在重金属污染土壤改良领域得到推崇，其对砷、汞、铅、铬等重金属的吸附可达96%。石灰、有机肥和海泡石也可作为重金属污染土壤调理剂，对抑制土壤重金属向植物迁移效果明显。在重金属镉、铅污染的菜园土上发现，熟石灰、钙镁磷肥和柠檬酸等土壤调理剂可以有效降低重金属对作物生长的影响，熟石灰和钙镁磷肥的加入明显提高了土壤pH，降低了土壤中两种重金属的生物有效性，而柠檬酸是一种有机酸，可与土壤中重金属离子发生络合作用而降低其生物有效性（王兴俊等，2017）。

七、改善土壤生物条件，防止土传病害

土壤生物是土壤生命力的重要部分，土壤生物的多样性为维持土壤肥力、土壤结构作出了巨大贡献，保持土壤生物多样性和功能对于维持土壤健康具有重要意义。某些土壤调理剂施用后可促进有益微生物的繁殖，抑制病原菌和有害生物的数量，对一些传统的土传病害具有一定效果。研究发现，利用石灰、粉煤灰、白云石、废菌棒和化肥制成不同组合的土壤调理剂可以明显促进耕层土壤中细菌、放线菌、磷细菌、钾细菌和纤维分解菌的繁殖，提高过氧化氢酶、脲酶、磷酸酶和纤维素酶的活性。烟田施用腐植酸和硫黄可提高过氧化氢酶和碱性磷酸酶活性，增加土壤微生物总量。在水田中施入一定量生物炭，可以显著增加土壤细菌数量，减少土壤真菌数量，改变土壤微生物种群构成（辛广等，2018）。在适量施用脱硫石膏的条件下，土壤微生物活性与多样性有所提高；脱硫石膏施用量为2.5~7.5g/kg土时，改善土壤微生物活性的效果最强。甲壳素能促进土壤中放线菌及其他一些有益微生物如固氮菌、纤维分解菌、乳酸菌的生长，增加土壤细菌和真菌数量，抑制霉菌、丝状菌等有害微生物生长，防治土传病害，如有效控制棉花黄萎病的发生。通

过诱导土壤、根际和根内微生物产生有利变化，甲壳素还能对棉花、白苜蓿和黑麦草的寄生线虫产生抑制作用。

八、改善植物农艺性状和生理作用

研究表明，施用土壤调理剂能有效改善作物的农艺性状，提高作物产量与质量。对农田土壤调理剂的研究发现，随土壤调理剂用量的增加，烟叶产量显著增加。聚丙烯酰胺和腐植酸作为植烟土壤调理剂可提高烟叶中锌的含量，显著增加中上等烟的比例及烟叶产量。土壤调理剂还可改善植物生理作用。在烟草上研究表明，施用土壤调理剂显著提高烟株各生长阶段的光合色素含量和35~65天时叶片保护酶活性，增强了叶片抵御外界逆境的能力。

总体上讲，土壤调理剂各项功能中，改良土壤结构、改良盐碱地和培肥土壤类的土壤改良剂占比相对较大，近些年防治病虫害的调理剂所占比重增长显著，如图7-2所示。

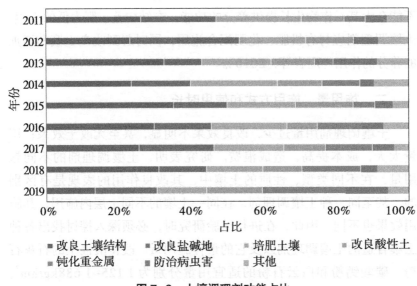

图7-2　土壤调理剂功能占比

第三节　土壤调理剂的生产与施用技术

一、根据土壤情况选用适宜的土壤调理剂

　　土壤调理剂种类多样，选择时应根据障碍性土壤的主要障碍因素选择针对性的适宜产品使用。在酸性土壤中施用易于获得的石灰作为改良剂；在碱性土壤中施入含钙物质如施钙或磷石膏等进行改良。在设施障碍土壤中，可以使用"Agri-SC免深耕土壤调理剂"、生物土壤调理剂以及膨润土、磷石膏等天然土壤调理剂。在干旱和半干旱缺水地区，农林保水剂如聚丙烯酰胺（PAM）具有较好的应用效果。对于一些同时存在多种障碍因素的土壤，应考虑多种土壤调理剂混合使用，如低用量的PAM和多聚糖混合使用可以有效改良钙质土壤。值得注意的是，虽然一些土壤调理剂含有一定量的养分或可以促进植物对养分的吸收利用，但土壤调理剂本质上不是肥料，不能夸大其对作物生长提供养分的功能。在结构差、肥力低的土壤，土壤调理剂应与有机肥、化肥配合施用，同时起到改良土壤和增加的养分的作用（周岩等，2010）。

二、施用量、施用方式和使用时长

　　土壤调理剂用量过少，改良效果不明显，甚至无改土效果；用量太大，成本提高，造成浪费。研究表明，土壤调理剂的不同施用量，在不同类型、性质的土壤中，其改良作用的表现是有区别的，甚至同一种土壤调理剂，在同一土壤的不同土层内施用，其施用效果也不同。因此，在进行试验研究时，必须深入探讨找出各种土壤合适的土壤调理剂以及它的最佳施用量。改良酸性土的石灰石粉、碳酸钙粉和白云石粉的适宜用量分别为 1 125~1 688kg/hm^2、1 500~2 250kg/hm^2、1 500~3 000kg/hm^2。在陕西关中塿土上施用

高分子聚合物改良剂的最佳浓度：聚丙烯酸为 4.8%~6.0%，聚乙烯醇为 1.6%，脲醛树脂为 10%。国外通过研究总结出喷灌要求 PAM 用量高于沟灌，因为沟灌的地表处理面积仅为 25%~30%，喷灌处理面积为 100%。以生物质灰渣生产的多元素土壤调理剂在蔬菜、经济作物、果树等的推荐用量为每亩 30~60kg；育苗按苗床面积的 1%~5% 施用。硅钙钾镁肥建议用量每亩 100~150kg。李彦强等（2020）以设施土壤中油麦菜为研究对象，开展了不同土壤调理剂用量对农作物生长及土壤改良的影响试验，结果表明，施用上海永通生态工程股份有限公司研发的土壤调理剂每亩 10kg 效果最好。一些土壤调理剂施用量可参考表 7-2。

表 7-2　土壤调理剂施用量

材料类别	名　称	用量（%）
硅钙类材料	石灰	0.06~5.00
	碳酸钙	0.025~5.000
	硅钙镁肥	0.05~0.50
	其他	0.07~13.50
天然矿物	沸石	0.40~10.00
	海泡石	0.67~2.50
	其他	0.05~5.00
生物炭	—	0.50~5.00
有机肥料	—	0.40~15.00
其他	高分子聚合物等	1.00~10.00

此外，不同的施用方法对土壤调理剂的应用效果也有差别。土壤调理剂在使用上一般分为固态和液态两种施用方式，其中固态改良剂可采用撒施、沟施、穴施、环施、拌施等方法施入土壤，而液态改良剂则一般采用地表喷施、灌施等方法，具体施用方式应视改

良剂的性质及当地的土壤环境而定。将固态改良剂直接施入土壤后，虽然可吸水膨胀，但是很难溶解进入土壤溶液，其改土效果往往受到影响；而在相同的情况下，将改良剂溶于水后再施用，土壤的物理性状明显得到改善。有关研究表明，PAM 在土壤搅动（如耕翻或栽培作业）后随灌溉水使用，其改良效果最好；而干施处理的效果较差，其原因是 PAM 水化和分散不完全、不能被完全利用。

土壤调理剂的主要作用是改良土壤偏酸、偏碱、盐渍化、板结等障碍，但长期使用会导致过度校正而不利于作物生产，因此不能长期依赖使用，避免调节过度。土壤调理剂的使用频次和时长一方面应根据产品说明确定，另一方面应根据土壤障碍的恶化程度与施用后的改良效果确定。对于市场上一些以改良剂为主，添加了其他养分与成分（如有益菌、海藻酸、腐植酸等）的复合肥料可适当延长使用次数。

三、注意生产使用时的人体、动植物安全

土壤调理剂原料来源多样，而某些原料本身含有较高含量的 Cd、Pb、Cr、Hg、As 等重金属元素，由于生产企业普遍缺乏有效的无害化处理工艺，产品中重金属超标问题引起人们关注。孙蓟锋等（2012）对 453 个来自农业部肥料登记检验样品、企业质量跟踪（或质量复核）样品和调研采集样品的土壤调理剂进行了 Hg、As、Cd、Pb、Cr 这 5 种重金属元素含量及不合格率等现状分析，表明有机源土壤调理剂、化学源土壤调理剂和农林保水剂 3 类产品未出现不合格情况，但矿物源土壤调理剂中存在 As、Pb、Cr 3 种重金属元素超过限量规定的情况，尤其 Pb 含量检测平均值为 42.5mg/kg（不合格率达 20.9%），已经接近限量标准（50mg/kg），Pb 含量最高检测值达到 204mg/kg，是导致矿物源土壤调理剂不合格的主要原因。通过土壤调理剂主要原料的分类分析，发现导致 Pb 超标所用原料主要包括钾长石、牡蛎壳、钢渣、钼尾矿、磷矿石＋碱渣等 5 种。因

此，钾长石和牡蛎壳作为土壤调理剂原料农用应注意严格控制重金属元素含量，避免因原料引起产品重金属元素超标，而钢渣则建议慎重作为土壤调理剂原料使用。

土壤结构改良剂有改良土壤结构、减少水分蒸发等许多优点，但随着公众环保意识的增强，土壤结构改良剂对环境、植物、甚至人类有无影响则日益成为人们关注的问题。PAM本身无毒，难以被微生物降解，但通过耕作、光照、机械等作用可以逐渐降解，其降解的中间产物丙烯酰胺是一种有毒物质，但由于它在土壤中存在的时间短、量又少，因此一般认为不会污染土壤。随着日益增加的施用量，以及土壤环境等因素的变化，土壤结构改良剂的施用究竟是否会产生公害，仍应是值得关注和深入研究的问题。

我国是农业大国，也是世界上水土流失最严重的国家之一。每年水土流失泥沙达 50 亿 t，其中耕地的表土流失量每年约 33 亿 t，占世界耕地水土流失总量的 14.35%，损失氮、磷、钾元素超 4 000 万 t。土壤调理剂能够较好地防止水土流失，同时也减少了养分的流失。

使用改良剂能够节约或减少肥料的投入，提高施肥效益，从而提高生物产量；能增加水分入渗，灌溉效率或降水利用率将会提高，有重要的节水和保水意义。改良剂的增产作用与改良剂增加入渗和减少养分损失，改善作物水分，养分吸收有关。改良剂本身对环境无害，且能减少表土中磷、硝酸盐、杀虫剂等化学制剂流入水体而导致的水污染。由于土壤调理剂在水土保持、土壤改良、灌溉效率、农业生产、环境、经济等方面的作用，在可预计的将来，一定具有广阔的应用前景。

土壤调理剂对土壤性状有很好的改良作用，越来越多的土壤调理剂先后问世。但是其存在的问题也是不容忽视的，主要表现在以下几方面。

（1）天然有机物料改良效果有限。如作物秸秆、豆科绿肥、畜禽粪便等天然有机物料的调酸效果十分有限，而且存在时效短、不易储存等问题。

（2）造成二次污染。从天然有机物料来说，污泥污水中有大量的寄生虫卵、病原菌以及大量重金属和难降解的有毒有机物质，可溶性盐含量比较高，这些不利于植物和微生物生长和繁殖。从无机固废来说，我国对固体废弃物的处理尚不完善，许多固体废弃物自身的化学元素带入土壤会对土壤造成二次污染。

（3）成本过高。农民最关心的就是调理剂的成本，成本也是土壤调理剂能否大面积推行的决定因素之一。许多土壤剂改良存在成本过高的问题，农民根本无力承担。

（4）管理机制不完善。土壤调理剂种类众多，质量也良莠不齐。因此建立一个完善的分类体系十分必要，从而对其销售市场体系进行规范。

近年来，我国设施栽培发展极为迅速，然而设施栽培由于特殊建造结构使土壤常处于高温、高湿、无雨水淋溶的环境之中，加之长期实行高投入、高产出及单一化栽培的生产模式及大量使用化肥、农药及畜禽粪便等，使设施土壤在使用到一定年限后造成土壤重金属累积、次生盐渍化、土壤酸化、钙镁养分不平衡等诸多问题，一定程度上造成作物的产量和品质下降。要提高作物产量首先就要对设施土壤进行改良，采取多种措施综合治理，科学合理地使用土壤调理剂调整土壤的养分元素、改善土壤理化性质、防止病虫害等，使作物的产量得到提升。

主要参考文献

黄燕，黎珊珊，蔡凡凡，等，2016.生物质炭土壤调理剂的研究进展[J].土壤通报，47（6）：1 514–1 520.

蒋小姝，莫海涛，苏海佳，等，2013.甲壳素及壳聚糖在农业领域方面的应用[J].中国农学通报（6）：170–174.

李兴平，胡兆平，刘阳，等，2016. 矿物型土壤调理剂研究综述 [J]. 山东化工，45（24）：48-50.

李彦强，石称华，钱志红，等，2020. 不同土壤调理剂用量对油麦菜生长及土壤改良的效果试验 [J]. 上海蔬菜（2）：55-57，67.

李彰，熊瑛，吕强，等，2010. 微生物土壤调理剂对烟草生长及耕层环境的影响 [J]. 河南农业科学，9：56-60.

林始联，2002. 用蘑菇植床废料生产土壤调理剂 [J]. 中小企业科技（10）：20.

骆园，熊德中，2015. 土壤调理剂应用效应研究进展 [J]. 安徽农业科学，43（13）：77-79，86.

马媛媛，戴显庆，彭绍好，等，2018. 天然沸石对松嫩平原黑钙土理化性质和保水能力的影响 [J]. 北京林业大学学报，40（2）：51-57.

沈婧丽，王彬，田小萍，等，2016. 不同改良模式对盐碱地土壤理化性质及水稻产量的影响 [J]. 江苏农业学报，32（2）：338-344.

孙蓟峰，2012. 几种矿物源土壤调理剂对土壤养分、酶活性及生物特性的影响 [D]. 北京：中国农业科学院.

中华人民共和国农业部，2017. 土壤调理剂　通用要求：NY/T 3034—2016[S]. 北京：中国农业出版社.

王兴俊，王奎，王平，等，2017. 一种多元素土壤调理剂的制备方法 [J]. 安徽化工，43（2）：86-87.

吴淑芳，吴普特，冯浩，2003. 高分子聚合物对土壤物理性质的影响研究 [J]. 水土保持通报，23（1）：42-45.

肖春宝，2010. 化工废硅藻土综合利用技术研究 [J]. 安徽化工，S1：61-64.

辛广，马学文，丁方军，2018. 硅钙钾镁肥土壤调理剂的研发与应用 [J]. 化肥工业，45（1）：72-75.

章智明，黄占斌，单瑞娟，2013. 腐植酸对土壤改良作用探 [J]. 环境与可持续发展（3）：109-111.

周岩，2011. 土壤调理剂（保水剂）对砂土和砂壤土结构的影响 [D]. 开封：河南大学.

周岩，武继承，2010. 土壤调理剂的研究现状、问题与展望 [J]. 河南农业科学（8）：152-155.

（执笔人：高宝林、尹俊慧、范贝贝、雷吉琳、张　强）

第八章　设施菜田污染修复改土施肥套餐技术

近年来，各级农业部门紧紧围绕推进农业供给侧结构性改革这一主线，加大技术转化力度，全力促进蔬菜绿色安全生产稳定发展，为丰富"菜篮子"供应、增加农民收入发挥了重要作用。面临新形势和新要求，绿色蔬菜生产发展还存在不少困难和问题，达到绿色安全生产的关键在于解决设施土壤质量问题以及施肥问题，同时需要大力推进区域化布局、规模化种植、标准化生产、绿色化发展和产业化经营，提升质量效益和竞争力，加快转型升级。因此，针对设施绿色蔬菜生产中存在的障碍问题，在肥料选择与施用过程中，应综合考虑果蔬生育期养分需求特征与生产障碍问题，科学选配改土基肥、营养追肥与功能追肥相结合，进行全程改土套餐施肥搭配，达到改土、促根、抗逆和减肥增效，实现"藏菜于地""藏菜于技"，保障百姓蔬菜安全。

第一节　改土施肥套餐技术特点

改土施肥套餐是指在传统测土配方施肥技术（张玉梅，2020；翟书梅，2020）及套餐施肥技术（陈清，2016）（满足作物在不同生长阶段营养平衡、土壤改良和省力化施肥需要的系列肥料组合）的基础上，注重土壤改良与肥料的合理搭配，最终达到改土、促生、提质增效、肥料合理利用之目的模式。

一、配方组合灵活

改土施肥套餐具有改良土壤环境、养分全面、浓度高、增产节本显著、配方灵活的优点，还可根据作物营养、土壤肥力和产量水平等条件的不同而灵活改变，弥补了常规施肥因固定养分配比而造成某种养分不足或过剩的缺点。

套餐施肥其实就是作物生长解决方案，是农资经营方式的一种升级与创新，由于其中所含的产品进行了优化和组合，加上经销商的综合采购能力，使得套餐采购成本有所降低，从而使农民拿到的套餐肥综合价格比实际在店里单包购买价格相对优惠，打破了新型肥料传统销售价格虚高的局面，并且具有技术含量高、应用效益高的优势，使农民得到真正的实惠。

二、实现真正的基肥 + 追肥组合

与发达国家相比，我国作物产品的品质总体较低。作物产品的品质受栽培、施肥等技术等影响，进行套餐施肥对于改善作物的品质、提高人民生活水平和提升我国农产品的国际竞争力具有重要意义。

作物套餐施肥把改土和施肥有机结合起来，进行产品组合，通过基肥施用实现土壤改良和养分供应的目的，有效促进根系的发育，减少作物对肥料供应的过度依赖；在追肥方面结合灌溉施肥，实现养分"少量多次"的近根供应，可以明显提高肥料中的养分利用效率。肥料作为农业生产成本最大的物质投入，其功能已经不仅仅局限于供应养分，而是通过功能成分的复合，实现调酸、抗盐、抑菌等改土的多个目标，通过健康的土壤生产优质安全的农产品。

三、符合时代发展的要求

当前，我国化肥行业总体处于去产能、去库存的较长低谷期，具有产品同质化明显、资源整合加速、产业结构升级等特点；同时，我国农业正经历着由传统农业生产向规模化经营、种植结构调整等方向的转变，农业需求正面临着转型升级的关键时期。在此背景下，越来越多的企业已经意识到农化服务的重要性，并积极部署各自的

农化服务战略。在这一"过渡"时期，种植结构仍以小户农民为主，且农化服务人员、技术无法配套，通过合理的套餐施肥和技术人员的技术物化，可符合时代发展的要求。

规模化农业生产对新型肥料产品的要求主要体现在肥料高效化、组合专业化、水肥一体化、配方简单化、产品差异化、功能多样化、成本节约化以及生态环保型等方面，其最本质的需求是通过专业化的技术服务与产品组合，综合土、肥、水、药与栽培技术，提供作物全程生产解决方案。套餐施肥技术可根据土壤养分含量，作物养分需求量，正确选择肥料种类、用量和施用时期，通过套餐化的施肥技术，不断改善土壤营养状况，使作物持续增产，从而实现作物节本增效绿色生产，保障我国粮食安全。

四、有效驱动企业产品创新与联合

由于改土施肥套餐技术能够满足作物不同的营养需求，而一家企业产品往往无法满足改土施肥套餐的需求，需要搭配不同企业的不同土壤调理剂与肥料产品，这将促使不同企业的产品联合；同时，由于企业无法完全通过自身产品推出套餐组合，这在一定程度上推动企业对肥料新产品的研发，从而驱动产品创新。

农户零散购肥，出了问题往往就是农民和经销商相互推诿。一方面可能因为农户施用多家肥，找零售商理论人家不买账；另一方面也可能是农户没有记录具体用了什么品种。改土施肥套餐是根据当地市场上和/或企业所拥有的产品资源而搭配的系列新型材料组合，通过零售渠道一层层送到农户手中，有了问题可以直接到家门口的零售店寻求解决，用肥的品种和生产商清晰明了，使得造假企业无市场，有利于产业规范化。

五、体现经销商的服务水平

改土施肥套餐可根据不同作物的需肥规律，经过科学选择，搭配设置不同的套餐配方和种类，能满足作物不同阶段生长对不同方面营养的需求。套餐不仅为农民提供一站式的产品选择，而且还有全程的技术指导，形成一个套餐，全面配方、全程营养、全程指导。在当前肥料市场竞争激烈和产品种类繁多的情况下，套餐化推广将系列产品打包销售，一方面可降低整体售价，另一方面可解决农民选择困难，同时套餐化的产品组合有助于经销商跳出同质化陷阱，实施现金交易，提高渠道竞争力。

传统的化肥销售中，渠道商起着承上启下的连接作用。渠道商从厂家进货，通过线下经销网络把农资产品卖给用户，主要赚取产品的差价。这种销售方式造成层层加价，农资价格虚高，同时农民缺乏专业知识，识别能力弱，往往是被动选择购买产品，甚至购买到假冒伪劣产品。

随着改土施肥套餐概念的提出，县级有实力的经销商天生就拥有做套餐的便利条件。这种模式为经销商经营渠道的变革提供了便利——经销商通过套餐销售，可以减少单产品推广的精力，能抽出时间更好地进行技术服务，从而回归农资作为生产资料的本质，这为做好农资配套使用的技术指导与配套服务、促使经销商转变为服务商，提供了便利。

第二节　改土施肥套餐理论基础

一、改土施肥套餐理论依据

（一）养分归还学说

1840 年，德国化学家、现代农业化学的倡导者李比希提出养分归还学说，其主要理念为"植物从土壤中吸收养分，每次收获必从土壤中带走某些养分，使土壤中养分减少，土壤贫瘠化。要维持地力和作物产量，就要归还植物带走的养分"。种植农作物每年带走大量的土壤养分，土壤虽是个巨大的养分库，但并不是取之不尽的，必须通过施肥的方式，把某些作物带走的养分"归还"于土壤，才能保持土壤有足够的养分供应容量和强度。

（二）最小养分定律

1843 年，李比希所著的《化学在农业和生理上的应用（第三版）》一书中提出了"最小养分律"。所谓最小养分就是指土壤当中最缺乏的那一种营养元素（图 8-1）。这种养分不能用其他养分来代替。因此，决定作物产量的是土壤中那个相对含量最小的有效植物生长因子，产量在一定限度内随着这个因素的增减而相对变化。若无视这个限制因素的存在，即使继续增加其他营养成分，也难以再提高作物的产量。最小养分定律告诉我们，施肥要有针对性。

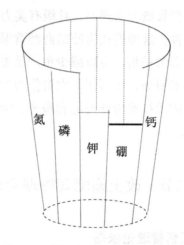

图 8-1　最少因子可限制作物产量

（三）同等重要和不可替代律

对农作物来讲，不论大量元素还是微量元素对作物都是同等重要的，缺一不可，即使缺少的某一种微量元素的需要量很少，也会影响作物的某种生理功能而导致减产。同等重要和不可替代律对科学合理施肥的指导意义如下：施肥要有针对性，缺什么补什么，如缺磷不能用氮代替，缺钾不能用氮、磷配合代替。

（四）报酬递减律

报酬递减律是指在生产条件相对稳定的前提下，随着施肥量的增加，作物产量也随之增加，但单位化肥增加的产品量反而下降，如自新中国成立以后到 2000 年，我国肥料用量与粮食总产和单产同步增长；2000 年以后，肥料用量虽然继续增加，但由于粮食生产效益差、播种面积下降和施肥不合理等因素，粮食产量增速有所降低。1978—2018 年我国化肥用量、粮食产量和作物播种面积如图 8-2 所示（中华人民共和国统计局，2019）。报酬递减律对科学合理施肥的指导意义在于肥料不是施用越多越好，肥料施多了不仅成本高，还可能产生肥害，影响产量甚至导致绝收。

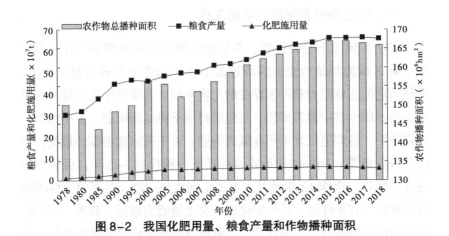

图 8-2　我国化肥用量、粮食产量和作物播种面积

二、改土施肥套餐原则

制订的改土施肥套餐方案要遵循以下几个原则。

第一，结合区域土壤特性与作物施肥历史，从改土入手，合理选择施用基肥产品，进而改善根区土壤环境，为作物生长提供健康的土壤环境。

第二，根据作物不同生育期养分需求特性，合理选择营养型追肥产品，为作物各生育期选择科学的配方产品。

第三，结合作物生产上常见的生理障碍因素或环境障碍因素，结合不同功能型活性物质的功效，选择功能型追肥产品，以解决作物生产障碍问题。

第四，结合作物的产值、栽培特性与灌溉施肥方式等，制订作物的完全作物解决方案，控制化肥用量，采用水肥一体化技术，通过精准施肥，实现作物高产高效养分管理。

第三节　改土施肥套餐的内容及操作

一、改土施肥套餐前期准备工作

成功实现改土套餐施肥，必须做好前期的调研准备工作，首先要了解区域的种植历史，调研过去 1~3 年的施肥和养分投入情况，评估当前的土壤肥力和可能存在的土壤障碍。若菜地中连续施用有机肥，会导致土壤中磷素累积，基施肥料应不再施用磷肥，苗期施用一次启动肥，后期追肥宜采用高氮高钾肥；对于种植葱姜蒜的地块，要注意补施硫肥；同一块田地连续种植同一种作物 3~5 年，可能会出现连作障碍，连作 10 年及以上可能出现线虫问题。除了对土壤障碍进行评估，有条件时，可每年化验一次土壤肥力指标。其次，要了解拟种植的作物特性、产量水平；了解推荐作物的栽培管理方案包括施肥制度、灌溉制度、打药制度等，最后定制作物改土套餐施肥方案。

二、养分推荐

确定作物施肥量需要充分考虑作物需肥规律、土壤养分供应规律、养分和化肥特性，以及环境养分的贡献。这需要对田块养分，尤其是氮素的迁移、形态变化和输入输出平衡过程中的每个环节都定量化。据此提出作物养分资源综合管理的基本原则如下：以优质植株的生长发育规律、养分需求规律和品质形成规律为基础，以养分平衡为主要手段，在充分考虑土壤养分和环境养分供应的同时，针对不同养分的资源特征实施不同的管理策略，最终实现作物养分需求与养分资源供应的同步。

对于大田作物，在综合考虑有机肥、作物秸秆应用和管理措施的基础上，根据氮、磷、钾和中、微量元素养分的不同特征，采取不同的养分优化调控与管理策略。其中，氮素具有"易变易动"的特征，在土壤—作物体系中很容易转化和损失。因此，氮素的管理应根据土壤供氮状况和作物需氮量，以实时的土壤和作物氮素监控为主，进行实时动态监测和精确调控，包括基肥和追肥的调控；相对于氮素而言，磷、钾养分在土壤中容易保持且具有较长期后效，磷、钾的管理应在保持养分平衡的前提下采用恒量监控的方式；中、微量元素采用因缺补缺的矫正施肥策略（强彦珍等，2017）。

三、肥料产品组合

选择适宜高效的肥料，形成满足土壤改良、营养平衡和操作省力的产品组合和配套施肥技术，是制订科学施肥套餐的必要前提条件。在选择套餐肥产品时，基肥以改土壮苗为目的，根据土壤现状，选用土壤调理剂、有机肥、微生物肥料等改土产品，如有机肥、硅钙钾镁肥、有机菌肥、腐植酸型肥料、生物有机肥等，或者根据作物养分需求特性，选择合适的复合肥料、缓控释肥等肥料；追肥以补充充足营养、解决生理障碍为目的，尤其在设施农业条件下，应通过水肥一体化等先进手段，多施用水溶性较好的硝基肥、水溶肥、液体肥等速效肥来补充营养、促进作物生长（王丽英等，2012）。还可以根据作物生长情况及遭遇到的外部逆境环境，选择施用具有功能性作用的肥料，如提升作物抗寒、抗旱、抗霾（寡照）等作用的叶面肥，含有腐植酸、氨基酸、海藻酸等生物刺激功能的肥料等。针对各地区栽培过程中存在的一系列土壤问题，在改良土壤的基础上施用功能性的水溶性肥料，以求达到改土、提质、增效的目的，因此，改土施肥套餐应具备以下特征。

（1）针对性：针对特定地区特定问题提出解决方案，包括改土、防病、抑菌等功能性肥料及土壤调理剂的选择必须具有针对性。

（2）专一性：每一个产品方案均为某个地区、某一季作物条件下的产品组合，而非广谱性方案设计。

（3）功能性：所用推荐产品均考虑其功能性，做到产品功能到位（如防治根结线虫、根肿、酸化等）。

四、改土施肥套餐方案制定

改土施肥套餐方案的制订必须是在了解作物需肥总量的情况下，根据作物生长过程中可能出现的土壤障碍问题、作物健康问题，有针对性地选择功能性产品，结合灌溉、栽培等方面的措施达到产品方案的具体化和可操作化。改土施肥套餐方案制定时需考虑与栽培结合、与物候结合，要考虑肥料在土壤中转化的过程，追肥与灌溉的结合等几个关键原则，同时还需注意一种作物的一种改土施肥套餐方案的适用性，因土壤条件变化、作物品种不同、物候期不同，甚至栽培管理中是否覆膜问题都会导致肥料套餐组合不同。下面以番茄为例，介绍改土施肥套餐方案制订。

（一）调查作物需肥规律

在不同的土壤状况下，不同作物、不同生长发育时期所需养分含量不同。如在土壤状况良好情况下，每生产 1 000kg 番茄果实需要吸收 N 2.2~2.8kg、P 0.2~0.3kg、K 3.5~4.0kg、Ca 1.1~1.5kg、Mg 0.2~0.4kg（高杰云等，2014）。

（二）进行土壤测定与土壤分级

根据土壤测定结果和养分丰缺指标，可基本划分为3个等级：新菜田无障碍土壤、老菜田无障碍土壤、老菜田有障碍土壤。根据土壤障碍问题制定专有功能性肥料配方。

（三）前期施肥状况

套餐施肥技术应本着节本增效的原则，充分考虑当地施肥习惯，以循序渐进的方式改善施肥状况、提高经济价值。

（四）确定作物产量需肥量

根据实际生产需要，以及实践经验，通过作物需肥规律，计算作物最优目标产量下的养分需求量。

（五）设计改土施肥套餐组合

根据作物需肥规律，以目标产量制定作物所需养分含量，作为施肥基本依据，同时结合土壤状况、前期施肥习惯作为改土施肥套餐的调整依据，设计改土施肥套餐组合方案。

五、改土套餐方案验证

改土施肥套餐方案的验证中要考虑套餐中新产品的效果、套餐中组合的效果以及套餐中功能性实现对于养分高效利用的效果3方面。改土套餐施肥方案验证过程中，要建立全过程解决方案记录，包括水肥管理记录、植保记录、分场降雨和冬季最低温度记录，以及土壤肥力诊断（第一年每个基地一次，以后每两年一次）、采收记录、市场价格及种植效益等多方面的记录。方案实施过程中要跟踪记录改土套餐施肥技术方案的作物表现，要多次观察作物长势，并记录作物最终产量、品质等指标，以反馈评估肥料产品、推荐方案的农学、环境和经济效益。改土施肥套餐方案实施过程中应不断引入新的产品和栽培配套技术，提升种植管理的机械化程度，撒药、施肥时可采用无人机、水肥一体化先进技术。套餐方案必须要进行试验示范，首先是小规模示范，大田作物示范面积为10~100亩，设施经济作物示范面积为 2~10 亩；后期可根据示范效果逐步扩大示范面积。

六、改土施肥套餐方案反馈修正

改土套餐施肥方案的反馈修正是改土套餐施肥方案的关键环节，不断反馈、集成、完善改土套餐施肥技术，最终获得良好的技术规范，以实现作物的优质高效生产。改土套餐施肥方案的反馈修正要遵循改土原则，改善作物生长环境，优化土壤条件，减轻作物生长障碍；遵循降低成本原则，及时总结，改进灌溉方式、栽培方式，以达到效益最大化。对每一个示范点，可以利用 2~3 个处理之间产量、肥料成本、产值等方面的比较，从增产和增收等角度进行分析，同时也可以通过套餐肥施肥产量结果与目标产量之间的比较，进行参数校验。反馈结果为增产增效的正效果，说明套餐肥可行，可大面积示范推广；若是减产减效的负效果，说明改土套餐施肥方案还需要调节修正。

第四节　设施菜田污染修复改土施肥套餐
应用实例分析

针对京津冀地区设施菜田土壤氮磷高量残留累积导致土壤质量退化、氮磷淋失损失和水体环境污染风险增加等问题，以氮磷减量、磷素整体钝化、局部活化为核心思想，结合栽培、功能肥料、钝化剂和水肥一体化技术，控制菜田土壤氮磷的过量累积，降低磷素重金属的活度，实现设施菜田氮磷污染土壤修复与风险控制。

一、设施菜田污染修复改土施肥套餐试验设计

该设施菜田污染修复改土施肥套餐试验在河北省饶阳县的 21 个

示范点开展。试验时间为 2017—2020 年。

试验包括 3 个处理。

1. 常规施肥

基肥为牛粪每亩 6m³、复合肥（N-P₂O₅-K₂O，15–15–15，下同）每亩 50kg、菌肥每亩 30kg；追肥分别为 19–19–19、15–10–30、10–5–42 的水溶肥，在作物开花结果期施用平衡肥，结果盛期施用高钾复合水溶肥。

2. 调理剂处理

传统水溶肥、土壤调理剂硅钙钾镁材料，施用量为每亩 100kg，重金属钝化剂以及生物有机肥，其中生物有机肥施用量为每亩 300kg。

3. 施肥套餐处理

基肥为牛粪，施用量为每亩 6m³，硅钙钾镁材料施用量为每亩 100kg，追肥为 22–12–16 和 19–6–25 配比的水溶肥，同时施用氨基酸类水溶肥以及在不同的时期施用磷素活化剂或磷素钝化剂。

二、改土施肥套餐下设施土壤性质变化

该改土施肥套餐试验的 2017—2018 年的结果如表 8-1 所示，结果显示经过 1 年的改土配方施肥，调理剂 / 施肥套餐处理对土壤的养分含量影响不大，且不同地点表现出不同的结果。而经过 3 年的施肥套餐处理后，对 2019—2020 年试验土壤分别测定了土壤 pH、无机氮、有效磷、水溶性磷（氯化钙浸提）含量。结果表明，调理剂和施肥套餐处理的土壤 pH 平均提高了 0.05~0.1 个单位，调理剂处理使得土壤有效磷平均降低 21.8%，水溶性磷平均降低 11.3%，但对土壤无机氮含量的影响不明显（表 8-2），说明土壤调理剂的施用可以在一定程度上起到钝化设施菜田磷素的作用，进而降低磷素淋失的风险。施肥套餐处理对各个示范点的无机氮、有效磷和水溶性磷均无明显变化，但对于部分磷素含量较低的样本点，施肥套餐处理降低了其水溶性含量，而对磷含量较高的样本点（如

第 10 个示范点），施肥套餐显著增加了土壤水溶性磷含量。另外，硅钙钾镁材料可显著增加土壤碱基阳离子累积量和交换性酸的消耗量，从而有效阻控土壤酸化过程，提高作物产量。集约化设施菜田由于长期施用肥料而导致的土壤酸化现象，可通过施用硅钙钾镁材料进行改良。因此，针对不同类型的土壤，应合理进行设施土壤的养分管理（陈清等，2015），同时适当应用土壤调理剂和施肥套餐技术，最终达到提升养分高效利用和降低农业面源污染。

表 8-1　2017—2018 年改土施肥套餐设施土壤指标

示范点及处理	有机质（g/kg）	全氮（g/kg）	Olsen-P（mg/kg）	速效钾（mg/kg）	pH	EC（mS/cm）
1- 对照	42.8	2.9	484	540	7.2	1.29
1- 调理剂	42.2	3.5	585	565	7.3	1.90
1- 套餐	40.8	2.8	410	486	7.4	1.01
2- 对照	16.9	1.9	402	491	7.7	2.23
2- 调理剂	21.1	1.6	293	492	7.8	1.77
3- 对照	37.6	3.7	746	1 161	7.1	1.64
3- 调理剂	35.0	3.2	639	1 310	6.9	1.66
4- 对照	52.9	2.1	293	454	—	—
4- 调理剂	56.5	1.7	263	483	—	—
5- 对照	38.2	2.9	292	490	7.3	0.67
5- 调理剂	42.3	2.8	287	391	7.4	0.75
6- 对照	30.0	2.5	434	1 062	7.4	1.51
6- 调理剂	30.4	2.4	458	888	7.5	1.29
7- 对照	24.1	1.9	443	540	7.2	0.63
7- 调理剂	20.9	1.4	581	664	7.5	0.69

表 8-2　2019—2020 年改土施肥套餐设施土壤指标

示范点及处理	pH	无机氮 （mg/kg）	Olsen-P （mg/kg）	CaCl₂-P （mg/kg）
1- 对照	7.6	59.8	277	18.40
1- 调理剂	7.8	61.0	129	13.10
1- 套餐	8.1	59.4	166	10.70
2- 对照	7.8	88.6	224	6.83
2- 调理剂	7.8	84.3	192	5.62
2- 套餐	8.0	86.5	260	6.00
3- 对照	7.4	59.7	213	18.70
3- 调理剂	7.4	53.3	203	15.90
3- 套餐	7.5	47.3	261	19.60
4- 对照	7.6	69.0	229	11.60
4- 调理剂	7.6	69.2	249	14.90
4- 套餐	7.8	62.5	156	6.48
5- 对照	7.6	41.9	144	10.70
5- 套餐	7.6	56.9	293	15.70
6- 对照	7.5	48.5	289	15.50
6- 套餐	7.5	75.2	302	17.60
7- 对照	7.7	58.8	263	11.70
7- 套餐	7.7	46.9	241	10.40
8- 对照	7.8	41.2	178	10.10
8- 套餐	7.9	42.3	162	6.86
9- 对照	7.9	42.7	231	7.09
9- 套餐	7.8	42.0	147	7.28
10- 对照	7.3	43.9	338	25.30
10- 套餐	7.0	54.2	332	36.80

第五节　设施菜田改土施肥套餐技术展望

一、控制设施菜田肥料投入，从源头减轻土壤障碍

在众多类型的土壤中，设施菜田的过量施用肥料的问题尤为严重。因此，改土套餐施肥和水肥一体化技术可以大大提高氮磷钾养分的利用效率，也是从源头上控制养分过量的核心技术。滴灌施肥是一项可以将施肥与灌溉相结合的灌溉施肥技术，可从数量和时间上精确控制施肥量和灌溉量，有效控制水肥入渗深度，维持根区合理的养分供应浓度，使水肥供应和植株生长相协调，进而降低水肥损失，达到资源高效。通过少量多次的近根施用，在促进水分和养分的吸收的同时，还可维持良好的土壤状况以及作物生产和环境的平衡，进而缓解由于过量施肥导致的一系列土壤退化问题。与大水漫灌施肥模式相比，滴灌施肥模式是一个低投入、低环境代价且高效稳定的生产体系。当前的水肥调控多注重水氮的调控以及不同作物生育期氮素的养分供应状况，磷钾主要进行总量控制，但作物不同生育期对磷钾需求也存在差异，针对不同生育期给予不同强度的养分，不但利于根系对养分的吸收，也会减少由于磷肥施用过量导致的潜在环境风险等。因此，探索一套针对不同类型土壤和不同作物体系磷钾养分和水分的调控非常重要。

二、合理施用土壤调理剂，改良土壤

土壤调理剂种类繁多，针对不同的土壤退化问题，可选择合适的土壤调理剂进行土壤改良。土壤调理剂根据其原料来源包括不同类型，既可以通过改善土壤质地等物理性状起到改良土壤的作用，也可以通过改变土壤化学性状影响土壤养分的有效性等。此外，某些土壤调理剂的基础原料富含一定量的氮磷钾养分，可以改善土壤

营养元素的供应状况等。某些土壤调理剂可被作为吸附剂施用到土壤中，例如，白云石或钾明矾施用到高磷累积的设施菜田可以显著钝化土壤残留态磷，进而降低土壤磷素淋失的风险。针对设施菜田土壤重金属污染，可通过施用土壤调理剂对其进行修复，例如，黏土矿物、金属氧化物、生物炭、石灰类材料等。除此之外，一些土壤调理剂施用可促进土壤有益微生物的繁殖，抑制病原菌和有害生物的繁殖及其数量，对一些传统的土传病害的抑制起到很好的效果。然而，在施用调理剂对养分进行调控和对重金属等进行修复的过程中，更要注意化肥和有机肥的施用量应该基于土壤养分含量和植物吸收量来确定，使土壤调理剂的作用达到最优效果。因此，因地制宜提出设施菜田土壤调理剂的施用量和种类并结合养分投入是改良设施菜田土壤的关键，需要进一步探索。

三、合理施用生物肥料，提升土壤质量

土壤生物多样性在维持土壤肥力、土壤结构等方面具有重要作用，保持土壤生物多样性及其功能对于维持土壤健康和土壤稳定具有重要意义。设施菜田的长期连作种植模式是导致土壤生态系统恶化的重要原因之一，进而引起土传病害等生物学障碍问题。设施蔬菜栽培中使用化学农药存在限制，既不利于人体健康也不利于农业的可持续发展。增加设施土壤中生物多样性，是保持该体系稳定和提高土壤质量的重要途径。利用有益生物及其产物来抑制土壤中病原菌的数量是一种环境友好型的措施，可用来改变土壤微生物类群，优化作物生长的微环境。例如，生物菌肥的施用可以通过改善土壤的生态环境，可以在一定程度上防治土传病害，也对设施土壤中根结线虫具有良好的防治效果；一些植物源的天然有机物也可用于防治土传病害（阮维斌等，2003）。此外，菌根真菌是农业生产中重要的有益微生物，其在土传病害防治方面也具有重要的作用，因此，菌剂的施用以及菌根真菌和生防菌的引入通过改变土壤微生物群落、

增加生物多样性进而提升土壤质量至关重要，进一步探索设施菜田土壤的生物修复集成技术是改良和维持土壤健康和可持续的关键。

四、调整种植结构，高效利用养分

设施菜田长期种植单一作物不利于作物对养分的高效吸收，而不同种类蔬菜之间或蔬菜与粮食作物之间进行合理的轮作或间作，能够有效防治连作障碍，有利于平衡土壤中的养分含量，不但可以为蔬菜正常生长提供良好的环境，也能有效减少土壤中的病原菌量，减轻病害的发生。例如，设施菜田夏季休闲期间引入填闲作物（甜玉米或高粱等），一方面，具有深根系的作物可以吸收残留在土壤中的氮磷养分，缓解土壤养分盈余状况；另一方面，填闲作物的根系分泌物可以改善土壤微生物环境，减轻病原微生物的为害程度，对土壤养分循环、土壤结构、土壤微生物和根结线虫的分布等均会产生影响。

因此，对于设施菜田土壤修复，需要综合考虑以下几点。

（1）进行源头氮磷养分控制，降低氮磷的农学阈值、增加环境阈值；进行源头的重金属和抗生素等污染物的控制，合理施用有机肥或进一步进行堆肥加工处理。

（2）改土促根，施用土壤调理剂等，活化土壤残留态养分，钝化土壤重金属等污染物；施用生物肥料等，增加设施土壤的生物多样性，提升土壤质量。

（3）开展间作或轮作等模式，如种植填闲作物，提升土壤残留养分利用效率的同时改善土壤生物环境，更好地发挥土壤生态功能。

基于我国设施蔬菜生产的实际情况，土壤修复措施可单一使用也可集成使用（图8-3），但同时必须考虑修复措施的经济成本和环境效应，最终实现设施菜田的污染控制和资源高效利用。

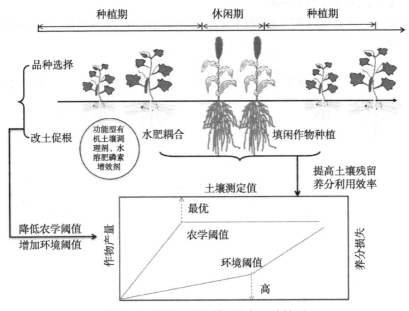

图 8-3 设施菜田土壤改良与污染控制

主要参考文献

陈清，2016. 规模化农业生产下的套餐施肥 [J]. 化工管理（31）：69-71.

陈清，卢树昌，2015. 果类蔬菜养分管理 [M]. 北京：中国农业大学出版社.

高杰云，王丽英，严正娟，等，2014. 设施土壤栽培番茄配方施肥策略与指标研究 [J]. 中国蔬菜（1）：7-12.

国家统计局，2019. 中国统计年鉴 [M]. 北京：中国统计出版社.

强彦珍，褚清河，2017. 土壤施肥配比理论解析与百年经典施肥理论的思考 [J]. 山西农业科学，45（10）：1 706-1 709.

阮维斌，刘默涵，潘洁，等，2003. 不同饼肥对连作黄瓜生长的影响及其机制初探 [J]. 中国农业科学（12）：1 519-1 524.

王丽英，任珊露，严正娟，等，2012. 根层调控：果类蔬菜高效利用养分的关键 [J]. 华北农学报，27（S1）：292-297.

翟书梅，2020. 蔬菜生产中的土壤肥料问题与测土配方施肥技术应用 [J]. 农业开发与装备（3）：197-198.

张玉梅，2020. 测土配方施肥技术及其实践探析 [J]. 现代农业科技（10）：162，164.

（执笔人：张德龙、陈　清、卢树昌、陈　硕、张怀志）